Fatos e Fábulas
VOLUME 2

I0491417

Fatos e Fábulas

Volume 2

Reflexões a favor de um pensamento mais crítico

Alexandre Simonetti

ISBN: 9798663882439

Selo editorial: Independently published

DEDICATÓRIA

*Dedico esse segundo volume a todo aquele
que obtém uma parte considerável do prazer
de suas vidas, de dentro das páginas de um livro.
E também, aos meus filhos Rafael e Helena, responsáveis por grande parcela do prazer em minha vida.*

Sumário

Prefácio

Dever cumprido

Quando todos os homens pensam igual, nenhum pensa muito.

Walter Lippmann (escritor e jornalista)

Quando terminei de escrever o primeiro volume do livro Fatos e Fábulas, confesso que tive uma complexa mistura de sensações.

A princípio, com certeza, imensa alegria.

Finalmente havia terminado um projeto que se iniciara dois anos e meio antes, sem a mínima pretensão de que um dia se transformaria em um livro.

Quando comecei, apenas queria por no papel ideias que já estavam fervilhando em minha mente há muito tempo.

Pensando numa outra ótica, tão importante quanto a primeira, fui acometido de uma grande apreensão em saber que estaria mexendo num grande vespeiro. Como enfatizo diversas vezes no livro, falar de ateísmo/agnosticismo em um país tão religioso quanto o Brasil, é extremamente tenso, portanto, por diversas vezes deixei de divulgá-lo até mesmo para pessoas mais próximas, apenas por receio de ser execrado por colocar minha opinião adiante. O que pensando bem, não deveria me amedrontar em nada, afinal de contas, era apenas a minha maneira de ver o mundo. Por viver em um país livre, posso expressá-la. Porém, as coisas não são simples assim. Não é nada fácil expor opiniões contrárias àquilo que 90% da população ao seu redor acredita.

Agora, um ponto a ser considerado quanto à publicação dele, é a grande satisfação de dever cumprido. Sério. Sentia que precisava realmente mostrar para todos que tivessem a dúvida (como eu mesmo tive), que existem outros caminhos a seguir. Caminhos prazerosos, pautados na investigação científica, na humildade de entender que não temos todas as respostas, e que nem sempre as práticas religiosas podem ser encaradas como boas ações.

Enfim, a sensação foi de que realmente cumpri um dever. Um dever mental, criado por mim mesmo, de expor como é a transformação de alguém que sempre acreditou nos princípios espíritas passar a deixá-los de lado e encarar a vida com aquilo que temos de concreto, sem nenhuma crença em situações que fogem ao substancial, ao material, ao concreto.

Este foi o grande motivo de ter escrito o livro.

Inclusive, acho interessante deixar aqui registrado neste momento, que esse segundo volume que se inicia, deve ser encarado como uma exata continuação. Logo, toda vez que me referir ao primeiro volume, citarei apenas "já descrito em outro momento" ou algo do tipo.

E o que pretendo com esse volume 2?

Primeiramente, quero enfatizar com mais dados e fatos sobre a grande importância que a ciência tem em nossas vidas. E por que não, torná-la a grande guiadora de nossos passos por toda a nossa existência. Em qualquer situação. Inclusive, para questões morais.

Em paralelo, dar uma sequência nas discussões de natureza religiosa, tentando demonstrar que pode ser possível alcançar a plenitude de uma vida bem vivida sem necessitarmos de alguma visualização que fuja ao material. Inclusive, assim como no volume anterior e agora com mais ênfase, demonstro que eu mesmo já tive uma vida profundamente religiosa. Portanto, claro, o respeito a qualquer que seja a religião professada por alguém deve sempre existir.

E também, no decorrer do livro todo, sempre serão propostas reflexões tanto sobre a vida como a morte para que possamos embasados em conhecimentos concretos ou, mesmo em divagações, compreender e aceitar melhor essas duas situações (vida e morte) absolutamente inerentes a nós e aos nossos.

Se acontecer com você o mesmo que ocorreu com alguns leitores do primeiro livro, de ter mudado toda uma forma de pensar (recebi e-mails afirmando isso), trocando o aparente fardo que seria viver, por algo muito mais leve, sublime e completo, que é aproveitar essa oportunidade única que temos em mãos chamada vida, já sentirei mais uma vez a mesma sensação de dever cumprido. Com certeza esse é o meu maior objetivo.

Por fim, assim como no prefácio do livro anterior, apenas por você ter tido a curiosidade de ao menos iniciar a leitura de um livro que, provavelmente, mudará alguns paradigmas de sua vida, deixo aqui mais um respeitoso abraço.

Alexandre, janeiro de 2020

Parte I.

Reflexões sobre transformações

Tudo que existe no Universo é
fruto do acaso e da necessidade.

Demócrito

Constituição da Matéria

Imagine cada um de nós, seres humanos, comparado a um pedaço de madeira, um objeto de ferro, uma garrafa de vidro, um plástico ou um diamante.

Sabe o que é surpreendente? Tudo é feito do mesmo material: a famosa poeira de estrelas, imortalizado nas palavras de Carl Sagan. E isso não são especulações. São fatos. Já comprovados pela ciência.

Refletindo um pouco a respeito: o que nos diferencia de um objeto inanimado?

Qualquer um de nós comparados a uma bicicleta de alumínio, por exemplo?

Assim como ela, somos formados por um número absurdamente grande de átomos. Átomos esses originados nas explosões cósmicas de bilhões de anos atrás. A grande questão que fica: por que somos seres pensantes e uma bicicleta não?

Poderia ouvir como respostas: - Porque em nós, existem células, e numa bicicleta não!

Tudo bem, mas qual é o material básico formador de uma célula? Sim, átomos. Ligações químicas entre átomos podem originar tanto uma bicicleta quanto uma célula...

Claro que uma comparação melhor a nós seres humanos, seria com outro ser vivo: o que nos diferencia de um mamífero qualquer? Como ele, temos células, órgãos, tecidos. Tudo aquilo que nos tornam vivos.

Mas, temos algo a mais. Mais que simplesmente um instinto de sobrevivência: temos consciência de nossos atos, temos escolhas, não vivemos apenas para procriar.

Ou será que vivemos?

Tire a procriação como um fator presente em nossas vidas. O que fatalmente ocorreria com nossa espécie?

Interessante reflexão sobre a colocação acima.

Se amanhã ou depois todos os seres humanos simplesmente parassem de procriar. O que teríamos daqui a 100 anos?

Fácil concluir que apenas algumas centenas (talvez milhares) de velhinhos com seus cento e poucos anos.

Após a morte deles, seríamos mais uma espécie que deixou de existir. Como tantas e tantas outras.

Logo, de fato a procriação é necessária a nossa espécie; bem como a todas as outras (seja uma reprodução sexuada ou assexuada).

Sem ela a extinção de qualquer espécie seria inevitável.

Assim, na comparação com uma bicicleta, um dos importantes fatos que nos diferenciam delas é a procriação.

No entanto, há muitas coisas em comum.

14

Então vamos lá, uma rápida lembrança de noções básicas de ciência: tudo que tem massa e ocupa seu próprio lugar no espaço, denomina-se matéria. Matéria, como alguns filósofos lá na Grécia Antiga (séc. V. a.C.) já suspeitavam, deveria ser formada por minúsculas partículas indivisíveis, os átomos. Hoje, a ideia do átomo continua firme e forte, com algumas correções como, por exemplo, o fato deles poderem ser divididos em partículas ainda menores.

Pois bem, matéria então, é tudo aquilo que está ao nosso redor. Seja visível como um objeto, ou não, como ar atmosférico. Tudo é formado por átomos (ou suas partículas constituintes).

Então, pensando numa escala microscópica somos ao lado dos animais, plantas e qualquer objeto, um grande aglomerado de átomos.

Fácil entender que não é necessária nenhuma força espiritual para compreender a existência de uma bicicleta, por exemplo. Acredito que o mesmo ocorra para qualquer objeto inanimado.

Agora, pensemos em seres vivos. Quaisquer.

Repare que a partir dessa ideia, surgem novas maneiras de enxergar , mesmo que baseadas apenas na mais pura imaginação que temos, ou então, baseados no senso comum. Coisas do tipo: "deve ter algo a mais, um princípio espiritual".

E então, quando essa pergunta se refere a um ser humano, a coisa toma ainda outro patamar.

Ora, por que em alguns aglomerados de átomos teriam um espírito atrelado e outros não? Em nosso corpo existem átomos de hidrogênio, cálcio, carbono, oxigênio, nitrogênio... Assim como na única célula de uma ameba, exemplo, e também numa liga metálica. Há átomos. De vários tipos.

Nesse ponto que surge um importante questionamento.

15

A matéria, seja ela qual for, precisa de um "desenhista superior" para existir? De um princípio espiritual?

Poderá dizer o leitor: - Mas a bicicleta foi criada por alguém.

Concordo, mas e o alumínio?

Sabe-se já que, há mais ou menos 14 bilhões de anos, houve uma grande explosão (como provavelmente houvera outras tantas) conhecida como "Big Bang". Desta explosão, surgiram matéria e energia (que são na verdade, a mesma coisa). Com o passar do tempo, suficientemente grande para que vários fenômenos pudessem ter ocorrido, foram surgindo "organizações" dentro do cosmos, conhecidas como galáxias; nestas, surgiram corpos celestes, como planetas, estrelas etc.

Num determinado planeta desses (e provavelmente não o único), átomos primitivos de hidrogênio (que ainda é o mais abundante dos elementos do Universo), foram se fundindo uns aos outros, originando átomos mais complexos (isso ainda ocorre nas estrelas em geral). Dessas uniões, foram surgindo átomos cada vez maiores, até que um deles, o carbono, tenha a suprema capacidade de se ligar a vários deles ao mesmo tempo, originando moléculas. Moléculas cada vez maiores que, à luz da evolução e dos intemperismos, foram originando arranjos moleculares cada vez mais extensos e mais complexos. Desses arranjos, surgiram os primeiros micro-organismos unicelulares. E assim, organismos cada vez mais desenvolvidos, pluricelulares, passando por peixes, dinossauros, aves, primatas e, o mais apto dos primatas, o homem.

Por favor, não podemos interpretar que uma espécie de ser vivo foi originando outra deliberadamente. O que ocorre, é que a partir de determinados ancestrais comuns foram surgindo outros organismos. É assim que devemos entender a teoria da evolução. Por isso, é errado quando ouvimos por aí que "o

16

homem veio do macaco". O correto é: o homem e o macaco (chimpanzés, por exemplo) apresentam ancestrais em comum. Na verdade, para quaisquer organismos, de qualquer espécie, se formos regredindo na escala cronológica, sempre encontraremos ancestrais comuns. Reside aí a grande importância da teoria da evolução das espécies proposta por Charles Darwin.

Não vou dizer que é fácil aceitar o que está escrito acima como uma explicação para as formas de vida que existem no planeta Terra. No entanto, caro leitor, há fortes evidências de que realmente foi assim que ocorreu. E que ainda ocorre.

A evolução é um processo ininterrupto. O Universo, continua em expansão.

Essas duas frases acima dariam com certeza milhares de páginas de pesquisa. Contudo, seriam pesquisas frutíferas, uma vez que ali poderíamos cada vez mais comprovar que de fato procede tanto uma coisa quanto outra.

Não são suposições! São fatos! Ratificados em bases sólidas.

Agora, quando surge a ideia de um projetista superior, de um deus que tenha sido necessário para explicar tudo isso, surge aquele outro problema, já discutido enfaticamente:

Se um deus criou tudo, o que criou esse deus?

Perceba, que ao contrário do que parece, tirar o termo deus do assunto não é de forma alguma uma arrogância. É apenas tirar uma incógnita de uma equação!

Não há problema nenhum em mantê-la!

No entanto, ratifico, o problema fica ainda maior! Seriam mais coisas a serem descobertas!

Se amanhã ou depois surgir uma evidência de que realmente existe uma força superior, ótimo, sem problema nenhum ela será minuciosamente pesquisada pela ciência e ajudará com certeza a explicar as coisas. Mesmo que para isso seja necessária uma brusca quebra de paradigmas.

Mas, enquanto não houver esta evidência, a ciência prefere pisar em solos firmes, ou seja, estudar e aprofundar apenas em cima daquilo que é possível mensurar, interpretar, compreender, repetir, explicar etc.

Não vemos por aí que as agências espaciais ao redor do mundo, sobretudo a norte-americana, ficam incessantemente buscando formas de vida em outros planetas?

Uma interessante reflexão: e se amanhã ou depois realmente for comprovada a existência de seres extraterrestres (biológicos)?

Qual lado ganharia mais força: a de que realmente tudo foi obra do acaso ou de que realmente existe um projetista superior?

Como é apenas uma reflexão, a resposta é livre. E subjetiva.

Objetos como seres vivos

Continuando com a discussão anterior, vamos para um outro aspecto.

Suponha que um alienígena visite a Terra em busca de outras formas de vida.

Só que ao adentrar a atmosfera terrestre, ele se encontra justamente no centro de alguma metrópole, como São Paulo, Nova York ou Tóquio.

E assim, facilmente repara que a quantidade de automóveis que circulam é absurda. De todas as cores, formatos, tamanhos, movimentando-se com os mais diversos valores de velocidade.

Ao pesquisar com um pouco mais de afinco, nota que todos os automóveis convertem matéria em energia, expelem

18

resíduos, emitem algum tipo de som e, caso esteja próximo a uma fábrica de automóveis, poderá ter a estranha noção de que eles também se replicam, ou seja, produzem "herdeiros".

Poderia portanto, o *alien* achar que os automóveis são a espécie de ser vivo predominante no planeta Terra.

Claro que para nós isso é uma bobagem, uma vez que sabemos claramente distinguir entre algo que tem vida daquilo que não tem.

No entanto, tente definir o que é um ser vivo. Acreditamos que já temos a resposta na ponta da língua, mas as coisas não são tão simples quanto parecem.

Quer ver: pergunte a alguém que tenha afinidade com ciências biológicas, se os vírus são ou não uma forma de vida. Perceberá claramente algumas dúvidas.

Genética, zoologia, botânica... Ramos da biologia que, acredito, teriam definições distintas para a vida.

A química e a física, podem também propor definições diferentes. A primeira indo mais para o lado da constituição molecular e a outra, para o lado da termodinâmica.

Voltando a questão que proponho, é que aos olhos de quem nunca viu determinada situação, estaria sujeito a elaborar as mais diversas hipóteses sobre determinado fato. Como os automóveis aos olhos dos *aliens.*

Por isso mais uma vez cito a importância da ciência, do método científico, para a partir de inúmeros testes, e com uma série de pesquisadores diferentes realizando os mais diversos experimentos, tentar entender e propor uma teoria coerente com determinado fato.

Agora imagine que este *alien* ao ficar com a nítida impressão de que os automóveis são de fato a espécie predominante na Terra, voltasse a seu planeta de origem e disseminasse essa informação.

Como que seus conterrâneos interpretariam tal fato?

O *alien* poderia até trazer fotos, pedaços de partes de algum carro, uma borracha pertencente a um caminhão, ou seja, evidências para atestar tal fato.

E veja que interessante, por mais que ele tivesse trazido uma infinidade de objetos referentes aos automóveis, mesmo assim a conclusão tirada poderia estar errada, ou seja, ainda acharem que os automóveis tem vida.

Então ratifico mais uma vez a importância da pesquisa. Minuciosa. Pois mesmo com possibilidades de erros, ela é ainda (e será) a nossa maior ferramenta para evitar que nos enganemos.

Neste caso proposto, a melhor maneira de comprovar a inveracidade desta teoria (de que automóveis seriam seres vivos, aos olhos do *alien)*, é regressando ao planeta Terra e examinado automóveis onde eles de fato se encontram. De preferência, examinar vários, e os mais diversos testes. Para aí sim, dar a comprovação sistemática de que eles não possuem vida.

A virtude do questionamento mais uma vez se mostra necessária e estimulante.

O prazer da busca

Não há como negar. A existência de um ser vivo, seja ele qual for, já é magnífica desde os seus primeiros detalhes.

Imaginar que de um líquido seminal recheado de espermatozoides irá surgir um bebê, feito de carne e osso, é no mínimo espantoso.

Pare e pense, caro leitor, todo e qualquer ser humano que existe (vamos deixar os outros seres vivos de lado neste momento) vieram da junção de um desajeitado e praticamente invisível espermatozoide com um igualmente pequeno (apesar de bem maior) óvulo.

E desta união fez-se um ser vivo.

Que irá respirar, alimentar-se, ver, ouvir, falar, pensar... Ter seu órgãos funcionando numa orquestra intimamente sincronizada, regidos todos por um maestro sem precedentes na história dos seres vivos, o cérebro.

É realmente magistral e chocante mesmo, parar para pensar e se deleitar com tamanho acontecimento.

Como pode duas mínimas células darem origem a uma Gisele Bündchen, um Pelé, um Albert Einstein. E a qualquer um de nós.

É assombroso. É lindo. É mágico.

Mas por que não nos damos contra deste espantoso acontecimento?

Acredito que uma resposta possível seja porque muitos de nós temos a ideia formada em nossa cabeça de que nosso corpo não é o protagonista de nossa vida (por incrível que pareça). E sim, um determinado espírito que rege tudo que acontece nele e acaba sendo o ator principal.

Portanto, todas essas sublimes situações encontradas dentro de um ser vivo acabam sendo secundárias. E isso fatalmente tira todo o louvor, toda a grandeza do que de fato é um ser humano, ou mesmo, um ser vivo em geral.

A grande preocupação que faço questão de expor desde já, e quem tem me apresentando muitas das preocupações que me acompanham diariamente, não é mais a dúvida se existe ou não um pai criador de tudo e de todos. A esse tema, dediquei praticamente o livro todo *Fatos e Fábulas – volume 1*. E confesso que fiquei satisfeito com o resultado gerado por ele, uma vez que ali depositei reflexões que há muito me assolavam, perturbavam, por muito tempo, e consegui transcrever para o papel. E assim, senti-me muito melhor e mais feliz com esta nova maneira de pensar.

Acreditar ou não em um deus é uma questão de escolha. Fiz a minha assim como o leitor deve ter feito a sua.

A questão agora passa para um outro degrau. Interessantíssimo na minha opinião.

Como aconteceu tudo isso? Como nos tornamos o que de fato somos?

Big Bang, supernovas, consciência, vida em outros mundos etc.

Realmente tenho pensando em demasia sobre tudo aquilo que consigo refletir baseado nos temas derivados dos termos acima.

E mais uma vez confesso, é um trabalho prazeroso.

Já que não irei para o caminho de creditar para algo superior a existência de qualquer ser vivo que há na Terra.

Sim, pois na ausência deste, tudo e qualquer coisa deve e tem uma explicação para tal.

Algumas destas explicações já são conhecidas e estabelecidas. Basta pesquisarmos. Já outras, ainda não. E neste ponto julgo como o principal objetivo de meu estudo. Buscar respostas, mesmo que a princípio sejam suposições, para questões ainda não respondidas.

Por exemplo: como surgiu a consciência?

Por que apareceu a vida?

Existe vida fora do planeta Terra?

Realmente não há sentido em nossa existência?

Qual a melhor maneira de lidar com a morte? E com a vida?

Não pretendo e nem quero sossegar, enquanto não tiver pelo menos uma ideia, por menor que seja, de como se formaram as primeiras formas de vida no planeta Terra. Em conjunto a essa indagação, reflito novamente: como surgiu a consciência?

Ou ainda, como que um minúsculo pontinho, composto por uma quantidade absurdamente grande de matéria, explodiu, há 14 bilhões de anos, e originou nosso Universo?

E dele, surgiu nosso planeta, Sol, Lua, estrelas. E nós.

A vida.

Passaria 24 h por dia, se fosse possível, pesquisando, compondo hipóteses/teorias para tentar entender tamanho acontecimento.

Sinto um prazer imensurável nesta busca, porquanto acredito ser o maior de todos os mistérios. A origem da vida no planeta Terra, bem como a origem de tudo que conhecemos.

Claro que a minha busca não se baseia em experimentos, uma vez que não sou um cientista em busca de testar hipóteses; no entanto, através de pesquisas provindas dos maiores experimentadores científicos que temos hoje em dia, e no passado, sobre esses assuntos, busco encontrar informações que estejam de acordo com o que de fato deve ser o mais provável.

Não sei quanto tempo me resta como um ser vivo, mas tenho a plena convicção que passarei toda ela em busca destas verdades. E baseado em estatísticas, acredito que ainda tenho algumas décadas para isso.

A origem da vida, da consciência, do Universo.

Um dia chegaremos lá, e torço muito para que eu esteja vivo quando isso ocorrer.

Sentido no sofrimento? Ou sofrimento no sentido?

Indo para outro lado, tão importante quanto, acredito fielmente que todo ser humano, em algum momento de sua vida (ou em vários momentos) se pegou refletindo sobre a quantidade de sofrimento acumulado que há na vida de qualquer um de nós.

Mesmo uma pessoa que tenha as mais diversas formas de bens materiais para satisfazer sua existência, não consegue controlar o seu cérebro o tempo todo. Sempre haverá dores, ansiedades, tristezas, sensações de impotência perante tal fato não controlado por nós. E assim, frequentemente haverá alguma necessidade de recuperar a tranquilidade da mente. E não podemos afirmar que isso virá simplesmente com um bem material, por exemplo.

É necessário exercitar, mentalmente falando!

E creio que muito desse "sofrimento" tenha relação direta com a eterna busca por um sentido na vida.

As inevitáveis perguntas: Para quê tudo isso? Qual o ponto final? Como começou tudo? Como devo me portar? – surgem na mente de qualquer um que já tenha se questionado, pelo menos uma vez.

Agora veja que interessante o seguinte ponto de vista.

A todas as perguntas descritas acima, podemos nos basear em alguma religião para ter a resposta pronta.

Quando digo religião, estou generalizando, claro, afinal de contas existe uma infinidade delas, cada um com seus preceitos, dogmas e respostas.

No entanto, para a reflexão que penso em propor neste momento, não importa qual seria a religião escolhida. Baseio-me apenas em respostas gerais fornecidas por elas.

Vamos lá:

1. Para quê tudo isso?
Para evoluir.
2. Qual o ponto final?

Quando regressamos para o plano espiritual, nosso verdadeiro lar.

3. Como começou tudo?

Quando um ser superior, normalmente encarado na forma de Deus (com D maiúsculo, para se referir ao deus cristão) criou o Universo e tudo que está nele.

4. Como devo me portar?

Aceitando que somos um espírito em profunda evolução e que através de inúmeras reencarnações (ou apenas uma), e muito sofrimento acumulado, nos transformaremos em um espírito evoluído.

Agora, existe também uma outra forma de responder às mesmas questões. Fazendo por exemplo uso da ciência, ou seja, de tudo aquilo que já foi proposto como uma possível explicação.

1. Para quê tudo isso?

Para nada, especificamente. A vida na Terra foi um esplendoroso acaso que se iniciou há bilhões de anos. Insisto, bilhões de anos. Não há resposta plausível a essa pergunta, a não ser que tomemos emprestado definições prontas de quem já se respondeu essa questão, ou então, formemos a nossa própria.

2. Qual o ponto final?

Pensando na parte biológica, seria nossa morte. Pois nela, voltamos a ser o que sempre fomos: pedacinhos desse assombroso e gigantesco Universo. Se a resposta for a nível atômico, poderíamos responder que não há ponto final, a não ser que o Universo desapareça. Os átomos do nosso corpo existem desde sempre basicamente, e continuarão a existir após a nossa morte.

3. Como começou tudo?
Segundo respostas confiáveis, com a explosão conhecida como *Big Bang*. Processo esse que data de, aproximadamente, 14 bilhões de anos atrás.
4. Como devo me portar?
Como você achar que deve. Mas claro, seguindo a ob-
viedade de um comportamento minimamente aceitável. Você
não faria mal às suas filhas, mãe, pai etc. Por que faria aos outros? Esse comportamento de fazer o bem, é muito bonito e
importante, mas perceba claramente como ele não tem a ver
com preceitos religiosos. Fazer o bem nasce do conceito familiar, de uma moralidade inerente ao homem. Claro, senão cairíamos na inescrupulosa ideia de que, numa família de ateus, as
crianças correriam sérios riscos. E da mesma forma, acharía-
mos que qualquer pessoa ligada a alguma religião, é necessariamente uma pessoa boa. Não é (nem nunca foi) a religião
que define o caráter de uma pessoa.

Comparando os dois conjuntos de respostas, qual é o
mais correto?
Não há como responder isso.
Há uma escolha. E claro, isso vai do íntimo de cada
um.

Há duas vidas?

Outra importante busca em que me encontro neste
momento e que me faz ter a certeza de que é muito válido procurar as respostas (se possível, claro), é para as seguintes questões:
Por que foi necessário que os seres humanos imaginas-
sem um mundo pós-morte? De onde veio essa ideia? Em qual

momento da evolução humana? Será que houve um acontecimento específico, do qual derivou toda uma ideia de uma
crença em algo que desse a plena convicção de que há uma vida após a morte?

Ou realmente existem duas vidas?

Para responder a esses questionamentos, é profundamente necessário que seja vasculhada toda a história do *Homo
sapiens*. E aí que começa apenas um dos problemas desta saga
que se inicia.

Como reescrever toda esta história, se faltam tantos
dados?

A preocupação acaba sendo se realmente não teremos
como resposta, apenas uma especulação sobre o que fato foi o
estopim inicial para nascer toda a ideia da vida posterior. E a
isso, gostaria de evitar ao máximo. Gostaria de pisar em solos
firmes, sem efêmeras pitadas de imaginação.

Fácil aceitar, com base em evidências já confirmadas
como verdades, que o homem primitivo era alguém vulnerá-
vel num mundo onde tudo era novidade, não havia explicação
para nada. Ele até buscava respostas, mas com a total insapi-
ência sobre os fatos, apenas propôs explicações baseados no
que sentia, no que achava, e não no que fato era. E essas ideias
foram passadas de geração para geração.

Com tudo isso em mente, explicações para praticamente tudo que tinha a volta, provavelmente supuseram que existiam seres muito poderosos, que moravam em locais que a
humanidade não podia ver, mas que estavam no comando de
tudo. Assim, outro detalhe começa a fazer sentido: os sacrifí-
cios que os humanos faziam para agradar determinados deuses.

Então imaginaram o deus-Sol, a deusa-Lua e mais uma centena de outros, que interagiam com os humanos através de fenômenos, como eclipse, raios, chuva, ventos etc.

Filósofos gregos como Platão, por exemplo, deram sua contribuição para imaginar que (supostamente) existem dois mundos: este, que é triste, difícil, penoso (o chamado mundo sensível) e um outro mundo, lindo, sublime, ideal (o mundo das ideias). O leitor pode perceber claramente que essa ideia persiste até hoje, em pleno século XXI: teríamos duas vidas, uma aqui na Terra e outra nos céus.

Mesmo antes de Platão, podemos imaginar que foi necessária a criação de seres superiores, poderosos, simplesmente para dar resposta aquilo que não entendíamos.

Já parou para pensar que realmente há coisas a nossa volta que realmente não temos o menor controle, ou seja, que ocorrerão independentemente de nossa vontade?

Fácil exemplificar:

- Duração do dia e da noite;
- Clima;
- Tempo;
- Morte;
- Sonhos.

E tantos outros exemplos.

Imagine agora que, justamente por não haver controle, o quanto destes acontecimentos foram creditados a supostas forças superiores. Daí surgiram os mais diversos seres imaginados para responder a todos esses fenômenos que, hoje se sabe, são naturais.

Como exemplo dos já citados, pego o "deus-Sol":

Olhando para o céu, em qualquer época do ano, seja durante o dia ou mesmo à noite (já que a luz dele faz outros astros refletirem-na, como planetas), diria que é impossível não nos deleitar com tamanho acontecimento.

No entanto, já está tão enraizado em nossas mentes, que já nos acostumamos a presença dele, então já não nos causa tantas divagações.

Mas paremos para pensar: o que é o Sol?

Agora imagine que essa mesma pergunta foi feita há 80 mil anos, por exemplo.

Quantas divagações surgiram... E até fica claro, para mim, entender porque o Sol foi tão venerado nos primórdios da civilização: numa noite fria, em que mal se viam uns aos outros, os integrantes da espécie *Homo sapiens*, amedrontados contra o frio e predadores de todas as formas possíveis, ficavam em alerta, mal conseguindo dormir, esperando que amanhecesse para espantar esses males que toda noite voltavam.

E de repente, aparecia nosso astro-rei: imponente, iluminando a tudo e a todos. Quase que vislumbro a exata emoção sentida naqueles momentos de medo e terror que viviam nossos antepassados.

Quantos agradecimentos, promessas, juras de fidelidade e tantos outros sentimentos devem ter surgido nos momentos em que nas amedrontadoras noites geladas, surgiam os primeiros raios solares... Obrigado deus-Sol, por ter surgido na hora certa! No momento em que não mais aguentava o medo, o frio e a escuridão.

Mas, e agora? Em pleno século XXI: o que estamos realmente vendo?

Todo esse horizonte, as nuvens, o Sol, planetas, Lua, estrelas...

Qualquer um desses tópicos tenho a plena convicção que poderíamos passar uma vida inteira, sem exagero, pesquisando, estudando, aprendendo sobre tudo aquilo que ele nos traz.

E já temos muitas respostas! Baseadas em evidências (o que nos traz a segurança de poder acreditar sem necessidade nenhuma de crença).

Vamos lá, a algumas pitadas científicas sobre o que fato é o Sol.

Antes disso. Reflita, caro leitor, o que é o Sol? E outra pergunta: qual a cor dele?

É do senso comum dizer que o Sol é uma grande esfera de fogo, queimando à todo vapor. E que também, sua cor é amarela, talvez um pouco laranja.

Porém, respondendo a primeira pergunta, isso não é verdade, uma vez que para que ocorra uma queima é necessário que haja um comburente que alimente essa chama. Normalmente, ele é representado pelo gás oxigênio. No entanto, a porcentagem de gás oxigênio no espaço sideral é zero. Logo, o Sol não pode ser uma bola de fogo propriamente dita.

Quanto à questão da cor, pasme, mas o Sol é branco. A cor amarela (e outras) é apenas resultado da luz emitida entrando em contato com nossa atmosfera terrestre.

Então perceba: mesmo hoje, em pleno século XXI, podemos ter algumas confusões em relação a algo já tão consolidado, como o Sol.

Imagine há dezenas de milhares de anos?

Na verdade, o que ocorre é que toda a energia proveniente do Sol (e das estrelas em geral) é baseado em determinados processos que ocorrem no interior dos átomos, chamada de fusão nuclear.

Essa fusão se dá a partir de isótopos de hidrogênio (leia átomos distintos de hidrogênio) que, movido às altas temperaturas que ocorrem no interior estelar, se unem, fundindo-se em átomos maiores, como do elemento hélio. Desse violento processo energeticamente falando, surge a energia liberada que chega até nós para nos fornecer as condições necessárias para a sobrevivência da grande maioria das espécies que por aqui habitam.

Mas por que transmiti, de maneira absolutamente resumida, o que ocorre no Sol?

Justamente para retomar a ideia de que, imagine quantas reflexões, divagações, suposições, foram feitas pelos nossos antepassados para tentar entender o que era essa enorme esfera que nos envia luz e calor desde sempre?

Enquanto não houver investigação científica, tudo que for dito a respeito de um fenômeno, nunca passará de mera especulação, crença, fábula.

Imagine quando ocorria um eclipse. O Sol simplesmente não aparecia! Mistério total! Fácil supor que determinadas civilizações achavam que estavam sendo castigados. Assim, os chefes/imperadores/autoridades precisavam de alguma resposta para fatos tão estranhos.

Não se esqueça, caro leitor, para muitos (ainda hoje) qualquer explicação é melhor que nenhuma!

De tudo que já foi proposto em relação ao Sol, ao longo do tempo, sobrou apenas o fato comprovado pela ciência de que realmente temos um processo de fusão nuclear, já citado antes, que ocorre não somente nele, mas também, nas estrelas em geral.

Agora veja. Fizemos um breve resumo de como as crenças se formaram ao longo do tempo em relação ao Sol, e como que foram sendo substituídas por fatos, comprovados cientificamente.

É preciso aceitarmos que a tudo que nos cerca, e que já exista explicação comprovada para atestar sua existência, em passados remotos, não havia essa explicação. Logo, podemos supor com grande dose de otimismo que também passaram por processos parecidos com esse do Sol. Com o tempo, com o avanço das ciências, as crenças foram substituídas pelos fatos. E isso é uma tendência natural a tudo.

Enquanto não temos resposta, tudo não passa de especulações.

Para dar uma margem maior ao que quero propor, vamos mudar o protagonista.

Troque o Sol pelos sonhos.

Sim, sonhos.

Vamos falar um pouco sobre eles (afinal de contas, não os controlamos. Pelo menos, normalmente).

Regressemos novamente há 100.000 anos (ou algo próximo disso). Bem no (provável) início do surgimento da espécie *Homo sapiens*.

Assim como nós, e seres vivos em geral, temos um momento diário de descanso. Normalmente, na forma de um sono de algumas horas.

Neste sono, inevitavelmente, sonhamos.

E o que vemos nestes sonhos?

Absolutamente aleatórios (hoje há muitos estudos sobre os sonhos, dando-nos a compreensão de que muito do que ocorre no sonho é apenas um reflexo do que foi nosso dia, incluindo aquilo que apenas pensamos a respeito).

Pois bem, então é de se supor, corretamente, que assim como ocorre conosco, os primeiros seres da espécie a qual pertencemos (e também outras espécies, claro) sonhavam com parentes e amigos que já haviam morrido.

Imagine a reação?

Se até hoje em pleno século XXI, há a ideia de que sonhamos com familiares já falecidos pois, na verdade, durante o sono "damos um pulinho" na nossa pátria espiritual, imagine o que deveriam pensar nossos mais antigos ancestrais?

Para mim, é muito fácil aceitar a ideia de que a possível crença de que há outro mundo esperando por nós após nossa morte, originou-se em sonhos que as pessoas foram tendo, ao longo de milhares de anos, dando a forte impressão de que a vida é dividida em duas partes: aquela vivida no planeta Terra e uma outra que nos aguarda após nossa partida, local este já habitado por todos aqueles que partiram antes de nós.

E através destes sonhos, cujas histórias foram passadas de geração para geração, foi sendo criada a ideia de que realmente existe um mundo extracorpóreo.

Confesso que para mim, faz muito sentido entender essa forma de pensar, uma vez que é muito comum termos sonhos extremamente vívidos dando-nos a impressão de que realmente estivemos com um familiar que já falecera.

No entanto, caro leitor, não nos esqueçamos de que temos um cérebro absolutamente complexo que, sabe-se hoje, nunca para de atuar, mesmo enquanto estamos dormindo.

Então da mesma forma que nos momentos de vigília, podemos pensar em um familiar que já morreu, isso também ocorre durante o sono. E, ao invés de vir a nós como um simples pensamento, virá na forma de um lindo sonho.

Mas é claro que sempre será complicado falar sobre esse assunto. A ideia da existência de espíritos é quase que uma verdade absoluta para uma boa parte da população que vive na Terra.

E aí que mora o motivo deste meu grande questionamento.

Por que (indago mais uma vez) não podemos aceitar que somos seres biológicos assim como um camelo, um leão, uma barata, uma baleia, um orangotango? Isso é o que nos diz os tratados de medicina em qualquer parte do mundo. E, em nenhum destes tratados, cita-se qualquer entidade sobrenatural que possa fazer parte deste ser biológico.

E insisto sempre, se somos guiados a alguma coisa simplesmente por crença, fatalmente estaremos destinados a sermos enganados de várias formas possíveis.

Vou citar um rápido exemplo de como que crenças podem fazer as pessoas capazes dos mais diversos atos, mesmo aparentemente não fazendo sentido nenhum.

Você sabia que existiram (e ainda existem) crenças que dizem que, ao morrer uma pessoa, o ideal seria que todos os objetos que pertenceram a ela enquanto viva, incluindo sua residência, sejam queimados? Sim, queimados. Pois assim, o falecido poderia ter sua morada garantida no plano superior, e ainda, contar com a presença de seus objetos mais íntimos e particulares...

E não precisamos ir muito longe. Quantas vezes não vemos por aí, determinadas autoridades religiosas vendendo supostas "partes do paraíso"... Sim, para quando morrer, a pessoa que comprou tenha sua morada garantida no céu, próximos a anjos e aos familiares já falecidos...

Enquanto for vendido o invisível, a quantidade de formas possíveis de enganar aos outros, serão infinitas. Não haverá limites para a sordidez.

E a isso, combato fortemente!

Abaixo a charlatanice!

Num mundo de tantos mistérios, para todos os lados e em todos os momentos de nossa vida, não é de estranhar que muitos mal-intencionados façam disso seu ganha-pão, iludindo e prometendo mundos e fundos a todo tipo de pessoa que se deixa impressionar por determinado ato.

Pense bem, se mal sabemos como existimos, por que estamos aqui e o que acontecerá conosco ao longo da nossa vida, dá pra imaginar um número inimaginável de situações que ainda não existem respostas, e que as pessoas, aproveitando disso, tornam a sua resposta como a correta. O pior, vendem-na como se fosse a verdadeira resposta.

Pare e reflita, caro leitor: quanto que realmente sabemos das coisas ao nosso redor? O que de fato acreditamos, é real ou ilusório? É um fato ou uma fábula?

Há uma série de situações a nossa volta, que nem nos damos conta de que podem apenas ser a mais pura ilusão. Ou ainda, o que é pior, uma absurda maneira de enganar aos outros.

Exemplos não faltam!

Você já reparou que hoje em dia a palavra "quântico" tornou-se absolutamente banal? É impressionante reparar como ela se tornou imersa em nosso dia a dia, sobretudo nas redes sociais, às quais vemos propagandas de todos os tipos de supostas "atitudes quânticas".

Vamos a alguns exemplos tirados das mais diversas fontes:
- *coach* quântico;
- terapia quântica;
- crescimento quântico;
- espiritualidade e quântica;

- aconselhamento quântico;
- cura quântica de anjos;
- lipoaspiração (pasme!) quântico;
- etc. quântica.

Inacreditável! Sério.

Será que as pessoas que estão fazendo uso desse termo tem alguma ideia do que estão falando?

Duvido caro leitor. E a explicação é muito simples.

A física quântica, de onde esse termo se originou, passou a ser uma promissora inovação (mas desde sempre, problemática) da chamada física moderna, iniciada no início do século XX por alguns teóricos, sendo Max Planck considerado o "pai da física quântica".

No entanto, trata-se de um assunto extremamente espinhoso, até por conta da inevitável quantidade de abstrações que se faz necessária para tentar entender um conceito tão profundo.

Albert Einstein sentia-se muito incomodado com o assunto. É notória e emblemática a história de que ele e Niels Bohr, físico dinamarquês vencedor do prêmio Nobel, ficaram discutindo-a em vários encontros pessoais, inclusive ocorrendo uma série de divergências entre eles.

Richard Feynman, outro notório físico do século XX, também ganhador do prêmio Nobel, tem uma frase muito famosa sobre a física quântica:

"Quanto mais uma pessoa disser que sabe de física quântica, menos ela conhece física quântica".

Ou seja, caro leitor, veja onde quero chegar:

Físicos extremamente respeitados, que com certeza figuram entre os maiores cientistas de todos os tempos (sim, todos eles, Bohr, Planck, Feynman e Einstein), tiveram muita dificuldade em assimilar um assunto tão extremo em sua profundidade , sobretudo pela necessária abstração do pensamento que se faz necessária para a sua devida compreensão.

Assim sendo, o que esperaríamos que ocorresse?

Que qualquer pessoa que se considerasse "algo quântico", deveria no mínimo entender qualquer diálogo que esses magníficos cientistas propuseram.

Mas será que é isso que ocorre, ou seja, de fato as pessoas que se dizem quânticas, tem noção do que isso significa?

Não, caro leitor, posso afirmar categoricamente. Por um motivo muito simples.

Ninguém que se diz quântico, demonstra qualquer fato que possa ser verificável, como algo da teoria quântica.

O que ocorre, na verdade, é que por ser um assunto extremamente ímpar na história do conhecimento humano, muitos se aproveitam disso, e propõe a sua utilização já conscientes de que causará uma grande referência, e por não se tratar de um assunto corriqueiro, pouquíssimas pessoas sentiriam-se a vontade em questionar com determinado charlatão, porque está usando esse termo.

Li alguns livros sobre o assunto, realmente gosto bastante de me sentir "confuso" com tantas abstrações, baseadas em situações principalmente probabilísticas.

E reafirmo caro leitor, onde houver o termo quântico, esteja seguro que o indivíduo que o está utilizando está fazendo de má-fé ou, o que prefiro acreditar, por ingenuidade.

Outra coisa importante, a física quântica se aplica sobretudo ao estudo de partículas menores que os átomos. Podemos, por exemplo, entender os efeitos dela na geração de energia em usinas nucleares, ressonância magnética, lâmpadas de LED, microscópios eletrônicos, nanotecnologia, tomografia computadorizada etc.

Logo, não é um ramo da ciência destinado a emagrecer, tornar-se mais inteligente ou ainda, associar-se a supostos eventos extracorpóreos.

Se numa frase que estiver relacionando física quântica, não houver algum termo como: elétron, pósitron, bóson, quarks, léptons, singularidade, dualidade onda-partícula, incerteza, tunelamento, supersimetria etc., desconfie.

Porque abandonei o espiritismo (um breve resumo)

Por toda a nossa vida, já somos obrigados a suportar tantas coisas que não são de nosso agrado, nem para nos satisfazer, mas que existem e precisamos conviver com isso.

Portanto, se soubermos pelo menos como evitar aquilo que não nos seja benéfico, ou então, aquilo que nos faça mal, engane e consequentemente, nos faça iludido, já teremos condições de viver uma vida muito mais plena.

Assim, mais uma das grandes preocupações que tenho em minha vida hoje é justamente saber diferenciar essas coisas. O que é mera ilusão, mero conto de fábulas criado por alguém e que até hoje perdura como se fosse uma verdade absoluta, daquilo que realmente faz sentido e que temos uma série de maneiras de comprovar sua veracidade.

De tudo isso, com toda a certeza, resulta a minha profunda admiração pela obra de Carl Sagan. Não era dono da verdade, sempre demonstrava isso, e com uma humildade e didática impressionantes citava que a ciência estava a nossa disposição para descobrirmos as coisas como de fato elas são. Nem sempre seriam respostas agradáveis, no entanto, melhores do que a simples crença em "fábulas reconfortantes". Nem sempre haveria respostas, no entanto, a busca por elas deve ser permanente, e ainda, prazerosa. Esse eterno júbilo na busca ao conhecimento, Sagan foi mestre em nos transmitir.

Quem sabe como será o dia de amanhã?

Quem imaginaria que um helicóptero poderia matar tanto Ricardo Boechat, quanto Kobe Bryant?

Aquele seu amigo que já se foi; algum parente próximo. Se mal conseguimos entender o que de fato é a vida, não teremos condições de entender o que é a morte. Apenas a aceitamos. Ou melhor, somos obrigados a aceitá-la pois não há outra forma.

Quem nasce, morre. Frase curta, e ao mesmo tempo, tão profunda.

A vida já é um grande e absoluto compêndio de mistérios, muitas vezes profundos, e de certa forma impossíveis de se desvendar. Logo, uma das grandes graças da vida é justamente aceitá-la como ela é, sempre procurando respostas, mas tendo a consciência em paz e tranquila de que nem sempre teremos nossas perguntas respondidas.

E para qualquer situação, sempre será melhor não ter uma resposta plausível do que acreditar numa baseada apenas em mitos e palavras criadas por alguém em passados tão remotos.

Como já descrito, minha vida pode facilmente ser dividida em duas partes. Primeira, que durou uns 30 anos, e a segunda, que está terminando sua primeira década.

Logo, ao compará-las, é fácil concluir que tive muito mais tempo no espiritismo do que longe dele.

E é exatamente isso que me pego pensando: como fiquei tanto tempo aceitando uma doutrina que não me satisfazia?

Como álibi, tenho a grande quantidade de questionamentos que tive, desde a mais tenra idade, às pessoas que tinham maior conhecimento da doutrina. E muitas, muitas vezes as respostas não me convenciam em nada. Mas simplesmente deixava de lado, ou seja, nunca tive o ímpeto de ir atrás para resolver tais incongruências.

No entanto, com o avanço nas leituras das mais diversas fontes, fui sentindo segurança, justamente devido ao grande respaldo teórico que estava montando, para questionar e, rapidamente, afastar-me.

O que mais me incomodava no espiritismo e que hoje me sinto muito bem em ter me afastado, é como ele fazia eu me sentir mal.

A todo momento, tudo e qualquer coisa que ocorresse em minha vida, fica me perguntando se era *karma*, se era apenas uma coincidência, se tinha algum espírito tentando falar algo para mim... Garanto, não era nada fácil.

Aí, quando ia ao centro espírita ouvir palestras, muitas vezes pensava: - Essas palavras proferidas dariam certo na prática?

A impressão que se passava, é que a intenção de uma palestra espírita era apenas fazer do apresentador uma sumidade em usar palavras e jargões tão edificantes, eloquentes, transformadoras.

No entanto, sempre senti no fundo que eram apenas palavras ao vento.

Por vezes pensava nas palavras da música *Toda forma de poder*, de Humberto Gessinger:

"Eu presto atenção no que eles dizem mas eles não dizem nada."

E até hoje, afastado que estou, pego-me pensando o que sentem as pessoas que lá estão sobre as palavras que ouvem.

Será que pensam o mesmo que eu? Ou então, acham sublimes e tentarão colocar em prática?

Se for pelo segundo caminho, o que até acredito ser o mais provável, já tenho a plena convicção de que esta pessoa não terá uma vida muito fácil.

É um ser humano! Como todos que estão, estiveram ou estarão, sujeito a erros que ocorrem no nosso cotidiano. E o fato de tentarmos evitar alguns deles, não deve jamais ser por temer algum castigo posterior, ou evitar novas reencarnações, e sim, pois é o certo a fazer!

É tão simples!

Não é necessário um padre, papa, palestrante espírita, pastor, ou quem quer que seja para me ensinar o que posso e não fazer.

Se esticar meus braços agora, e encostar no nariz de uma pessoa, recolherei! O meu direito acaba quando começa o dela. E ponto final.

A moralidade de um ser humano é vivenciada na prática, não precisa de teorias baseadas em supostas falas de 2000 e tantos anos atrás para nos ensinar como nos portar.

E sempre é bom lembrar, se uma pessoa precisa de uma religião para mostrar como ser uma pessoa boa, ela só estará fazendo isso por temer alguma espécie de castigo posterior.

Outra coisa tão importante quanto, especialmente nessa época em que estamos vivendo: o novo coronavírus.

Não sei em qual data estará lendo isso, caro leitor, mas nesse exato momento (23/03/2020) boa parte do mundo está parada, em quarentena forçada, pois já se contam mais de 340 mil casos de infectados. E esses alarmantes números não param de crescer.

As coisas acontecem! Desgraças, alegrias, tristezas, mortes, nascimentos, *tsunamis*, terremotos, pandemias...

A natureza, assim como o Universo, não tem a mínima noção de que existimos. Por mais dura que possa ser essa realidade, eles não se preocupam conosco, afinal de contas, somos parte deste todo.

Insisto nisso, somos apenas parte de um todo maravilhoso, sem dúvida, mas nada temos de especial em supor que devemos ter alguma condição diferenciada acima dos demais seres vivos.

Assim como um mosquito pode causar alvoroços mundiais, desta vez foi um vírus. Outrora, foram pulgas contaminadas com bactérias.

Somos apenas um corpo biológico. Cheio de coisas maravilhosas, que até hoje a ciência tem dificuldade de explicar, como por exemplo, o completo funcionamento da mente.

No entanto, não é um corpo perfeito, pois ele sofre, envelhece e morre. E mais do que isso, está totalmente sujeito às mais diversas adversidades que podem ocorrer ao longo de uma vida, como por exemplo a problemática invasão de um micro-organismo danoso.

Para a pessoa que crê em algo divino, acredito, o conflito criado em sua mente nesse momento deve estar muito grande, simplesmente por perguntar: por quê?

E se ainda sim houver a insistência de que estamos todos na mão de Deus, que tal pegar um italiano (espanhol, chinês, iraniano, norte-americano ou mesmo brasileiro etc.) e perguntar a ele, que acabou de perder duas avós, uma mãe, tios e mais alguns tios-avós, o que ele está achando de tudo isso, pensando apenas que "Deus sabe o que faz"?

É perfeitamente aceitável que cada um de nós tenha a nossa própria resposta a todo esse caos que estamos vivendo.

Alguns, a tirarão de dentro da religião que seguem; outros, preferirão outras fontes.

No entanto, é fundamental que aceitemos que ela não é a resposta final. E sim, apenas uma resposta.

E se não houver provas da veracidade do que está sendo afirmado, não podemos disseminá-la como sendo uma verdade absoluta.

Imagine como seria um absurdo tormento na vida de todos, se cada um propusesse uma resposta baseada unicamente, por exemplo, na religião que prega?

No meu caso, sempre esperarei pela confirmação da ciência.

Parte II.

Reflexões sobre o prazer das ciências

As grandes conquistas da humanidade foram obtidas conversando, e as grandes falhas pela falta de diálogo.

Stephen Hawking

Ele sim (mais uma vez) merece todo nosso estudo!

Uma caixa orgânica com uma aparência muito esquisita lembrando uma gelatina firme, e que contém bilhões de células nervosas que se comunicam entre si através de disparos elétricos, dando-nos a impressão de que temos em nossa cabeça um gigantesco amontoado de pilhas. O que ainda é mais intrigante: disso tudo nasce a mente, a consciência.

Já descrevi algumas informações sobre ele em outro momento. No entanto, por ser de extrema importância a compreensão de tudo aquilo que ele representa, queria tecer mais algumas.

Para mim, antes de passarmos a estudar qualquer fenômeno dito sobrenatural, deveríamos nos preocupar em primeiramente entender integralmente o que se passa com essa assombrosa máquina chamada cérebro. Quem sabe não seja dela, e eu aposto todas as minhas fichas que sim, que surja a ideia da existência de espíritos, almas, deuses etc.

Se pouco conhecemos como que ele de fato funciona, como podemos ter certeza de que determinado evento não é apenas fruto desses inúmeros eventos elétricos que ocorrem em seu interior?

Na outra obra, citei as impressionantes histórias de Phineas Gage e Charles Whitman, ambos apresentando mudanças de comportamentos absurdos em função de algum acontecimento cerebral. No primeiro caso, devido a um acidente no qual uma lança perfurou literalmente seu cérebro; no segundo, um tumor que transformou seu hospedeiro em um assassino, inclusive da esposa e mãe.

Casos como esses, tenho certeza, existem aos milhares. E isso não pode passar despercebido!

São exemplos como esses que nos mostram como tudo que ocorre a nossa volta, depende, sempre, do que ocorre em nossos cérebros.

Logo, conhecer seu funcionamento, saber suas potencialidades e também seus limites, deveria ser uma disciplina obrigatória em todo e qualquer grau de ensino. Acredito fielmente que assim teríamos muito menos chance de sermos enganados pelos outros, e sobretudo por nós mesmos, para podermos separar o que é real daquilo que é ilusório.

E a maior de todas as vantagens: todos nós temos um cérebro à disposição, para moldarmos da maneira que quisermos. E isso não tem preço! É como se tivéssemos, como presente da natureza logo ao nascer, a máquina mais potente do Universo a nosso bel-prazer.

Uma pena que nem todos se deem conta desta incrível possibilidade que temos totalmente ao nosso alcance, inundando-o com besteiras das mais variadas fontes, ou então intoxicando com as mais diversas substâncias, prejudicando assim, seu completo funcionamento.

Vamos divagar um pouco mais sobre isso.

O Universo, em seu absoluto e gigantesco tamanho, teve o acaso de criar, dentro dele mesmo, seres vivos que conseguem observar e se encantar com suas maravilhas.

Inclusive, Carl Sagan certa vez descreveu que tudo que ocorreu com a humanidade, em qualquer época, sob qualquer rei, todas as guerras, amores, destruições, construções, tudo mesmo, ocorreu dentro de um "pálido ponto azul" chamado Terra. Ele assim descreveu nosso planeta, devido a uma foto feita de fora da Terra, bem distante, na qual nosso planeta pairava, pequeno, dentro de um imenso raio de luz.

Mas o que quero ratificar, é que mais impressionante ainda de que tudo ocorreu dentro do planeta Terra, podemos complementar dizendo que tudo isso só é possível relembrar, pois está devidamente acondicionado dentro de nossos cérebros.

Sem ele, não haveria pensamento, memória, reflexões...

Tudo que lembramos em nossas vidas, em qualquer momento que seja, está bem guardadinho (ou nem tanto assim) em alguma região cerebral. E isso também é fascinante.

Para confirmar como de fato é o cérebro o responsável por tudo a nossa volta, quero descrever mais um fato que demonstra claramente isso.

O cérebro contém uma região chamada hipocampo, que é a responsável por formar memórias, sobretudo em transformar as memórias de curto prazo em longo prazo.

Ocorre que, um norte-americano chamado Henry Molaison, em 1953, foi submetido a um procedimento cerebral para tratar de uma epilepsia grave. Na época, era comum abrir o crânio para mexer diretamente no cérebro, processo conhecido como lobotomia. No entanto, ainda eram desconhecidas as funções do hipocampo, assim como da maioria das estruturas cerebrais.

Assim, Henry teve uma boa parte de seu hipocampo removido. Resultado: após se reabilitar da cirurgia, passou o resto de sua vida toda sem conseguir formar memórias de longo prazo. Ou seja, todos os dias de sua vida, ao acordar, ele apenas se lembrava do que tinha acontecido antes da cirurgia.

Então ele passou a vida toda acreditando que a cirurgia fora no dia anterior.

Já imaginou como deve ser isso?

Na época ele tinha 27 anos. Morreu em 2008, com 82 anos. Mais de cinquenta anos de sua vida, ele acreditou que o que ocorreu com ele, estava apenas nos 27 primeiros anos.

Não à toa, após sua morte seu cérebro foi recebido por pesquisadores para poder avançar nos estudos sobre neurociência. Inclusive, ainda em vida, Henry foi voluntário para uma série de estudos sobre o funcionamento do cérebro, sobretudo a parte relacionada à memória.

E o que fica de tudo isso?

É só pesquisarmos, que com certeza encontraremos dezenas, centenas, milhares de casos de pessoas que tiveram alguma função comprometida, justamente após alguma alteração cerebral que tenha ocorrido.

Logo, a ciência está ao nosso dispor, para descobrir, esclarecer e cada vez mais nos dar respostas de como as coisas de fato são.

Sem divagações, sem especulações.

Aceitar a vida como ela é, sem falsos conceitos associados a historinhas baseadas em seres sobrenaturais, pode parecer complicado no início. No entanto, afirmo e reafirmo a você, caro leitor, essa busca pelo conhecimento é o maior de todos os combustíveis que temos a nossa total disposição para tirar o maior proveito possível sobre a vida que temos.

Ter nascido num século em que já existem respostas para tantas coisas, é um grande acontecimento. Mas ainda há muitas perguntas que não foram respondidas, e ir atrás dessas respostas evitará que aceitemos falsas confirmações provenientes de pessoas que nunca se debruçaram sobre um livro ou mesmo procuraram fontes confiáveis de respostas para entender melhor aquilo que se questiona.

Possuir um fantástico cérebro a nossa total disposição, e não fazer uso dele, é a maior de todos os desperdícios que um ser humano pode cometer.

Use-o, em todo o seu esplendor; insira nele informações dos mais variados campos do conhecimento; assim, perceberá facilmente como a vida é o mais fantástico acontecimento que ocorreu em um Universo absolutamente misterioso.

Tabela periódica biológica

Alguns tópicos acima, debati porque as pessoas acreditam tanto que haja um espírito em cada um de nós.

Baseado nesta questão e na ideia proposta sobre tudo ser formado por átomos, vamos olhar para dentro do nosso corpo.

O que forma o corpo de um ser humano?

Se pudéssemos espremê-lo e analisar os elementos químicos que o compõe, chegaríamos ao seguinte resultado:

(Os valores abaixo referem-se a uma média, dados em

porcentagem em massa).

- 65% de oxigênio
- 18,5% de carbono
- 9,5% de hidrogênio
- 3,2% de nitrogênio
- 1,5% de cálcio
- 1% de fósforo

Se por curiosidade somar todos os valores acima, encontrará 98,7%.

Os outros 1,3% estão distribuídos em uma grande quantidade de elementos, como potássio, enxofre, sódio, cloro, magnésio etc.

Levando em conta todos os elementos que formam um corpo humano, os cientistas chegaram a detectar por volta de 60 elementos químicos. Uns em quantidades bem grandes como carbono e oxigênio, outros em quantidades desprezíveis, como cobre, alumínio e lítio.

Resumindo, somos como uma tabela periódica ambulante!

Ou melhor ainda, somos metade de uma tabela periódica, já que hoje existem catalogados 118 elementos químicos, e utilizamos metade deles aproximadamente.

Se pudéssemos microscopicamente adentrar o corpo de alguém, assim como ocorreu naquele emblemático filme de Spielberg, *Viagem insólita*, o que veríamos?

Na verdade, o filme retrata uma diminuição do ser humano ao nível celular, ou seja, não seríamos muito diferente do tamanho de uma célula.

Para a reflexão que quero propor, penso em ir um pouco além. Chegar ao nível atômico.

Como já recordamos, somos na verdade formados por

um grande conjunto de átomos, assim como tudo que existe de matéria no Universo.

Porém, esses átomos não são iguais. Para ser mais exato, existem por volta de 92 elementos químicos diferentes encontrados na natureza (nota: existem mais que 92, porém, uma parte deles só é sintetizado em laboratórios).

Então a conta fecha bem em 92.

Pois bem, então somos como uma grande fábrica dividida em vários balcões que, cada um deles, de acordo com a especificidade de seus átomos, e sobretudo moléculas, células e tecidos, terão as mais variadas funções que nos garantam sermos máquinas biológicas prontas para a sobrevivência na Terra.

Mas voltando ao nível atômico, suponha agora que você adentrou o corpo de um ser humano. Para isso, reduziremos seu tamanho ao tamanho de um átomo de carbono.

Já imaginou?

Confesso que acho extremamente complicado ter essa visualização. E o motivo é muito simples. Não temos qualquer padrão de referência.

Não é comum vermos por aí esse tipo de experimento ou mesmo de indagação. Sermos reduzidos ao nível atômico.

Até porque, quando isso ocorre, passamos a não mais observar leis e resultados esperados utilizando teorias já conhecidas. E o motivo é simples: passamos a depender de outro conjunto de teorias, bem mais complicadas e, de certa forma conflituosas, a teoria quântica.

Mas mesmo com a dificuldade esclarecida, ainda acho válido a tentativa da visualização.

Cada um de nós, ao nível atômico, adentrando um corpo humano.

Claro, veríamos bilhões, trilhões, quatrilhões, de átomos a nossa volta. De vários tamanhos diferentes, de acordo com a constituição nuclear de cada um deles.

Seria mais ou menos como entrarmos naquela piscina de bolinhas, sabe? Brincadeira bastante comum entre as crianças.

Cada cor dessas bolinhas representaria um determinado elemento químico. Mas como estamos ao nível atômico, apenas notaríamos que os átomos se diferem pela infinidade de tamanhos distintos que apresentam entre si.

E só.

Somos apenas um grande e complexo conjunto de átomos.

Quantas e quantas cirurgias foram feitas, ao redor do mundo e em várias épocas (sobretudo nos últimos dois séculos), e nunca, em nenhum momento foi encontrada qualquer prova de que de fato residia ali, num corpo biológico, alguma espécie imaterial de um possível espírito interligado.

Já discuti isso no tópico "receptáculo espírito-material" do volume 1, mas faço questão de retornar a esse assunto para mostrar como realmente aceitamos as coisas como verdades absolutas sem se quer tenhamos a mínima curiosidade de um dia atestar se procede determinada informação.

Fico imaginando se realmente existisse um espírito interligado com meu cérebro nesse exato momento.

O que ele estaria fazendo? Só observando as coisas aconteceram ao meu redor? Interferiria diretamente nos atos relacionados a minha pessoa ou apenas seria um coadjuvante de minha existência?

Em qualquer uma das possibilidades, já seria extremamente complicado, acredito.

Claro, imagine que há algo sobrenatural interligado a cada um de nós, mas que não interfere em absolutamente nada que ocorre conosco, afinal de contas, somos apenas um corpo biológico.

Ou então, imaginar que interfere sim, e que inclusive direciona tudo aquilo que ocorrerá comigo por toda a minha vida, provando que meu livre-arbítrio é um mero engano.

Perceba como realmente qualquer uma das duas possibilidades causaria, no mínimo, um espanto. Uma insegurança.

Mas quem é que pensa nisso, não é? É cômodo imaginar que temos alguém que rege nossa vida.

E some a isso também, nosso espírito protetor. Sim, pois de acordo com, por exemplo, a doutrina espírita, todo e qualquer ser humano apresenta um mentor espiritual que fica, de certa forma, auxiliando-nos enquanto seres vivos vivendo na Terra.

É muito difícil, tenho plena convicção disso, aceitar que somos apenas amontoados de átomos constituindo um ser vivo, e só, sem nada de sobrenatural unido a nosso corpo.

No entanto, o que dizem as evidências?

Há milhares de anos, desde que a espécie *Homo sapiens* surgiu, sempre existiram seres vivos que cumpriram seu papel enquanto tiveram vida; ao final dela, morreram, retornando para o solo na forma de átomos desorganizados.

E muitos, enquanto estiveram vivos, tiveram grandes contribuições para que a humanidade pudesse ter condições melhores para sobreviver: os cientistas.

Pensando nas ciências como sendo a melhor e mais confiável forma de entendermos as coisas como de fato são, escolhi dois famosos cientistas (dentre milhares de exemplos) que fizeram grandes contribuições à humanidade.

Além disso, também são exemplos de como podemos fazer um grande feito partindo de um simples acaso.

Refiro-me a Louis Pasteur e Alexander Fleming.

Louis Pasteur

Pasteur foi um dos pioneiros que estudaram a relação entre microorganismos e doenças causadas por eles. Inclusive, combateu fielmente a geração espontânea, a qual dizia que a matéria inanimada poderia se transformar em seres vivos.

É dele o famoso experimento em que prova que um caldo nutritivo que fora previamente esterilizado, se colocado num recipiente que conseguisse evitar que determinados microorganismos que estão em suspensão no ar pudesse atingi-lo, seria impossível o aparecimento de qualquer forma de ser vivo. E foi o que fato aconteceu, ou seja, a geração espontânea não fazia sentido algum.

Mas enfatizando a parte do acaso na história de vida de Pasteur, em 1878, ele estava estudando os organismos que deveriam ser responsáveis pelo surgimento da cólera em galinhas. Como de praxe, vários animais eram testados para verificar suas hipóteses e, invariavelmente, eram sacrificados. Ou morriam em consequência da própria doença.

Certa vez, ele injetou culturas de organismos responsáveis pela cólera em duas galinhas, sem saber de um detalhe: essas culturas não estavam frescas, ou seja, já tinha sido preparadas várias semanas antes.

Logo, o poder infeccioso delas era muito menor se comparadas com culturas mais recentes. Ocorre que Pasteur não sabia disso, imaginava que culturas, sendo frescas ou não, iriam culminar na morte das galinhas, e ele apenas queria estudar o fenômeno em si, como por exemplo, os sintomas que as galinhas sentiriam.

Pois bem, como esperado, as galinhas adoeceram. No entanto, para uma grata surpresa de Pasteur, logo se recuperaram. Assim, foram colocadas juntas com os demais membros da espécie.

Passado o tempo, novas injeções de culturas frescas de causadores da cólera foram injetadas nas galinhas, incluindo aquelas duas que receberam a cultura já envelhecida algumas semanas antes.

Como essa nova dose era letal, era esperado que todas as galinhas morressem. E foi o que fato aconteceu, exceto por aquelas duas, que estavam bem animadas e vivas, como se nada tivesse ocorrido.

Ou seja, por terem recebido aquela amostra envelhecida, essas duas galinhas não morreram e, ao mesmo tempo, criaram anticorpos para possíveis contaminações que pudessem vir no futuro.

E quando a nova dose, letal, foi injetada, justamente por já ter criado toda uma barreira de defesa, as galinhas ficaram intactas, e puderam sobreviver mesmo considerando a alta letalidade da cultura.

Pronto! Estava descoberta a vacina anti-cólera!

Esta descoberta revolucionou todo o campo das doenças infecciosas e é considerado um grande marco da imunologia. A noção de usar uma forma enfraquecida da doença para fornecer imunidade não era nova, mas Pasteur foi o primeiro a levar o processo ao laboratório, impactando todos os cientistas que o seguiram.

Onde entra o acaso? Se Pasteur tivesse injetado sempre culturas letais, não teria tido exemplares de galinhas que por ventura pudessem ter sobrevivido e, consequentemente, criado anticorpos para futuras injeções.

É de Pasteur uma famosa frase:

"O acaso favorece a mente preparada."

Brilhante! Fazer do acaso, nossa maior arma. Já que ele é onipresente, podemos, por vários momentos de nossa vida, fazer dele um poderoso aliado para as mais importantes descobertas, sejam elas no campo da ciência, ou simplesmente, no dia a dia, para que saibamos extrair do acaso aquilo que realmente valha a pena lutar.

Outro questionamento: como ficariam as pessoas que são contra as vacinas, ao ler um simples relato como esse? É possível que existam pessoas que não acreditem na eficácia das vacinas? Pois é, existem, e não são poucas.

Alexander Fleming

Impossível falarmos de acaso, sem citar a história revolucionária da medicina em que envolveu a descoberta dos antibióticos e Alexander Fleming.

No entanto, antes deste emblemático acontecimento, gostaria que o caro leitor pudesse ao menos imaginar o que era a vida das pessoas antes dessa descoberta.

As bactérias estão entre os primeiros seres que surgiram nos primórdios da formação da Terra. Portanto, existem desde sempre basicamente.

No entanto, a relação delas com possíveis patologias ao corpo biológico é extremamente nova do conhecimento humano. Por incrível que possa parecer, mas a confirmação de que micro-organismos estão relacionados a causa de uma série de enfermidades aos seres humanos só veio no final do século XIX.

Então, por muito tempo na história dos *Homo sapiens*, as pessoas morriam e não se sabia o porquê.

Era muito comum que um simples corte com papel pudesse ocasionar a morte, devido às infecções subsequentes.

Recém-nascidos morriam frequentemente.

Expectativa de vida nos séculos XVII, XVIII e até XIX, não costumava passar de 30, 40 anos!

Tudo isso por conta das infecções causadas, sobretudo, por bactérias.

Sífilis, tuberculose, pneumonia, septicemia... Quando acometiam algum paciente, a possibilidade de morte era muito alta.

Agora podemos entrar na história do herói da vez, Alexander Fleming.

Em 1922, ele já havia descoberto a lisozima, uma enzima com propriedades antibacterianas que inibiam o crescimento bacteriano. Ele também encontrou lisozima nas unhas, cabelos, saliva, pele e lágrimas. Em sua pesquisa, Fleming descobriu que a lisozima era eficaz contra apenas um pequeno número de bactérias não prejudiciais. Eram fracas propriedades contra as bactérias, mas já era alguma coisa.

Em 1928, ele começou a pesquisar bactérias estafilocócicas comuns. Estas associadas a uma série de enfermidades, tanto a seres humanos quanto aos animais em geral.

Conta a história que certa vez (aí vem o acaso), Fleming saiu de viagem. Por puro esquecimento, deixou uma placa de Petri com colônias de bactérias perto de uma janela. Normalmente, antes de sair do laboratório, limpava e guardava todos os equipamentos para evitar possíveis contaminações. Ou então, colocava as bandejas inoculadas na incubadora.

Pois bem, quando regressou ao laboratório, percebeu que tinha esquecido a placa. Ao se aproximar dela, percebeu que tinha se contaminado com mofo.

Fleming percebeu que as bactérias próximas ao mofo estavam morrendo.

Curioso, ele isolou o mofo e identificou-o como gênero *Penicillium*, que ele descobriu ser eficaz contra todos os patógenos gram-positivos. Os patógenos gram-positivos causam doenças como difteria, gonorreia, meningite, pneumonia e escarlatina. Fleming confirmou que não era o próprio mofo, mas um "suco" produzido que destruía as bactérias. Estava descoberta a substância penicilina.

Mais tarde, Fleming disse: "Quando acordei logo após o amanhecer, em 28 de setembro de 1928, certamente não planejava revolucionar todos os medicamentos, descobrindo o primeiro antibiótico do mundo, ou assassino de bactérias. Mas suponho que foi exatamente o que fiz."

Por ter dificuldade em isolar grandes quantidades deste "suco de mofo", Fleming acabou abandonando o estudo com penicilina.

Em 1940, quando Fleming estava prestes a se aposentar, dois colegas cientistas, Ernst Chain e Howard Florey, se interessaram pela penicilina e foram capazes de produzi-la em grandes quantidades para uso durante a Segunda Guerra Mundial. E daí, para a população em geral.

Agora veja como são as coisas:

Ao invés de escrever Alexander Fleming como o pai dos antibióticos, poderia escrever John Tyndall. E o que seria melhor, 54 anos antes! Quantas vidas teriam sido poupadas!

Em 1875, Tyndall, talvez o mais famoso médico inglês da época, fez um experimento para descobrir se as bactérias presentes no ar encontravam-se dispersas uniformemente ou agregadas em blocos.

Para isso, instalou uma série de tubos de ensaio contendo caldo nutritivo, para examinar quais ficariam turvos por conta do crescimento bacteriano que logo se iniciaria. Se todos ficassem, seria certo afirmar que as bactérias estão uniformemente distribuídas na atmosfera; agora, se apenas alguns tubos apresentassem turvação, a ideia dos blocos faria mais sentido.

Pois bem, instalou cem tubos de ensaio com distâncias moderadas entre eles. Ao examiná-los no dia seguinte, notou que alguns tubos estavam transparentes enquanto que outros se turvaram. Conclusão: não há uniformidade na atmosfera em relação às bactérias.

Algumas horas mais tarde, Tyndall observou algo extremamente mais importante. Na superfície do caldo de alguns tubos havia *Penicillium* que ele logo reconheceu. E o mais intrigante, nos tubos que havia esse fungo, as bactérias morriam (ou ficavam latentes) e caíam para o fundo do tubo!

Oras, Tyndall fizera a mesma descoberta de Fleming, mais de cinco décadas antes!

No entanto, Tyndall se contentou apenas em observar o fenômeno sem de fato tentar compreender o que estava acontecendo.

Antes que possa se imaginar que Tyndall não era um brilhante cientista, há uma razão muito mais clara do porquê ele deixou de lado essa brilhante descoberta: não havia ainda sido proposto que micro-organismos pudessem causar doenças. Apenas em 1882 (sete anos depois), Robert Koch conseguiu provar que a maior parte das doenças infecciosas era causada por bactérias.

Portanto, o que teria de interessante para Tyndall, além da "beleza física" do *Penicillium*, o fato deste fungo destruir bactérias?

Agora, com certeza, se já fosse conhecida a relação de bactérias com patógenos, fatalmente Tyndall teria dado mais atenção ao fato e ter sido ele o descobridor dos antibióticos.

Então vejamos, caro leitor, como Pasteur foi brilhante naquela colocação sobre o acaso ser proveitoso para mentes preparadas. Mas, mais do que isso, a mente estará preparada se estiver com uma grande quantidade de conhecimento acumulado. E para isso, vem o estudo, a pesquisa, o conhecimento, a vontade, necessidade e prazer de sempre querer saber mais.

Portanto, tenho plena convicção de que em nossas vidas, o pior não é o que não sabemos. E sim, o que nem se quer desconfiamos que não sabemos.

Inevitável conclusão

O que acho mais interessante desses exemplos acima, é a inexorável prova de que as ciências são a melhor de todas as ferramentas disponíveis para podermos entender determinado fato. E mesmo no caso de Houdini, que explanarei mais a frente, não estarei necessariamente falando de ciências; no entanto, o questionamento que ele teve em tentar entender determinado fenômeno, pesquisar e concluir que não se tratava de algo concreto, passa-nos facilmente a ideia da elaboração de uma espécie de método científico.

Continuando com a conclusão acima, quantos cientistas poderíamos destacar aqui como sendo grandes mentes da humanidade que trouxeram significativos progressos científicos nas mais diversas áreas? Vários, e nos mais variados campos.

Justamente por isso, caro leitor, deixo aqui uma importante reflexão que, provavelmente, será lida como uma provocação. Confesso que a princípio realmente parece, mas perceberá a seguir que não foi essa a minha ideia, pelo menos conscientemente falando.

Imagine quantas pessoas, sejam renomados cientistas, filósofos, teólogos, pessoas comuns, tentaram ao longo dos últimos milênios, fornecer alguma prova da existência de deuses?

Sério, tente entender isso em detalhes.

Como seria a fama que determinada pessoa atingiria por ter saído de seus experimentos a célebre frase: - Provei que Deus existe!

Sem medo de errar, seria a maior de todas as descobertas. Afinal de contas, teria sido descoberto a origem de tudo.

No entanto, você sabe tão bem como eu, que isso não aconteceu. Essa conclusão nunca foi atingida em nenhuma época atrás. E antes que possamos ter a ilusão de que nem ao menos foi tentado determinado experimento, refuto desde já.

Tenho plena convicção de que este experimento tenha sido tentado ao longo das eras, porém, por terem falhado, todos eles, acabaram caindo no esquecimento assim como aqueles que tentaram colocá-lo em prática.

Por fim, destaco com essa breve reflexão acima como de fato é muito complicado, e até desastroso, comparar ciências com religião.

Uma, se baseia em fatos. Outra, em crença, em fé.

E como já refletido inúmeras vezes, fé não se discute. Se aceita. Mesmo sabendo que não há a mínima prova de existência daquilo que se acredita.

Carl Sagan, mais uma vez:

"Não é possível convencer um fanático de coisa alguma, pois suas crenças não se baseiam em evidências; baseiam-se numa profunda necessidade de acreditar."

Dinossauros

Em algum momento dessa obra eu precisava dedicar uma reflexão sobre esses fabulosos seres.

Sabe por que, caro leitor? Porque os dinossauros são a pedra no sapato de qualquer pessoa que tente explicar o surgimento/desaparecimento deles com base na religião. Não há como ter uma explicação plausível dessa forma. Pelo menos eu nunca ouvi.

Já foi provado, minuciosamente, a existência e a extinção deles, ocorridas num passado bem longínquo, por volta de 250 milhões de anos a 65 milhões de anos atrás.

O homem, espécie *Homo sapiens*, passou a existir na Terra por volta de 100 mil anos atrás. Dados também bastante precisos, que até podem sofrer uma variação; no entanto, não superam 300 mil anos. Uns falam em 150 mil anos.

Muito bem. Compare as datas e você chegará a uma conclusão sábia, mas que muitos não imaginam: homens e dinossauros nunca coexistiram. Nem chegaram perto disso.

Agora voltemos especificamente aos dinos. De cunho puramente religioso, pergunto-lhe: por que os dinossauros existiram? Qual a plausível resposta? Ou melhor, é possível numa mesma sentença colocar deuses e dinossauros?

Até tentei buscar essa resposta ao questionar alguns religiosos.

Sem nenhuma forma de provocação, garanto, e sim pela mais pura curiosidade, perguntei-lhes: qual a razão para

Deus ter criado os dinossauros, e só depois de tanto tempo ter criado os homens?

Escolhi, dentre esses religiosos, aqueles adeptos do espiritismo. Afinal de contas, havia sido a minha crença anos atrás.

A resposta para meu espanto foi: um teste da espiritualidade.

Sim, apenas um teste.

Para o espiritismo, portanto, a existência dos dinossauros teria sido uma maneira proposta por Deus (e por espíritos superiores) de elaborarem uma tentativa para comprovar se poderia haver existência de vida na Terra.

Você deve imaginar a minha cara de frustração ao ouvir essa resposta.

Quer dizer, comparando as datas que ambos apareceram aqui na Terra, dá uma diferença de várias dezenas de milhões de anos!

Que teste seria esse? Por que toda essa diferença de idade? Por que depois dos dinossauros teriam sido criados seres humanos, criaturas que não se assemelham em praticamente nada com os gigantescos seres?

Não há como negar. Esta é a maior de todas as frustrações que tinha, enquanto seguia alguma religião: a pretensão de achar que existe resposta para tudo!

Seria muito mais elegante, e humilde, afirmar simplesmente que não a possui.

Mas veja bem, se determinada religião começa afirmar que não há respostas para certas questões, fatalmente iria perder adeptos e, com isso, estaria fadada ao fim.

Claro, se o grande motivo das religiões proliferarem e admitir adeptos é a promessa de respostas para as mais variadas facetas da vida, e sobretudo, pós-vida, como ficaria sua honra se passasse a afirmar não ser possuidor de tal resposta?

Pois é, e é exatamente daí que vem uma série de incongruências. Respostas que simplesmente não fazem o mínimo sentido, confrontando com dados minuciosamente calculados, e detalhados propostos pela ciência.

Por isso, caro leitor, decidi de uma vez por todas abandonar qualquer ramificação religiosa que proponha explicações completamente infundadas, apenas com o receio de afirmar que não as possui.

Vamos divagar para um outro lado.

Pare e pense, mesmo que seja por pouco tempo, como seria a interessantíssima sensação se pudéssemos, agora, entrar em um portal do tempo, e regressar por volta de 100 milhões de anos.

Sério. Feche os olhos e mentalize tal mágica situação.

Nos mínimos detalhes.

Para a máquina do tempo, pode imaginar o *Delorean*, da deliciosa trilogia *De volta para o Futuro*.

Já imaginou? Como era a Terra nesta data?

Época dos dinossauros!

A flora, a fauna em geral. Como eram?

Confesso que me causa uma imensa vontade de sentir essa sensação, mesmo que por pouco tempo.

O clima, as impressões, a visão que teríamos do horizonte daquela época.

Realmente gostaria de ter essa admiração.

Acharia fascinante.

E uma pena que seja, pelo menos no momento em que vivemos, um sonho impossível.

Agora, já imaginou se um dia isso for possível? Uma máquina do tempo que nos leve para qualquer canto do planeta Terra, e também do Universo, em qualquer época.

Se fosse dada a mim a oportunidade de escolher para qual época gostaria de conhecer, acredito que o encontro com dinossauros seria a minha pedida.

Talvez os filmes de Hollywood sobre o assunto tenham influenciando minha escolha. No entanto, ainda assim escolheria essa época por estar tão distante da nossa realidade atual e, ao mesmo tempo, sanar toda a minha curiosidade de ver esses imensos animais, ao vivo e à cores, em uma época tão remota.

Parte III.

Reflexões sobre os dois lados da moeda

A ciência tem provas sem certezas; os teólogos, tem certeza sem qualquer prova.

Ashley Montagu (antropólogo)

O outro lado

"**A**cho engraçado o fato de tantas pessoas conseguirem sobreviver na Terra, sem a total confiança na existência de um ser superior, olhando por todos nós.

Nossa, não importa o quanto bom somos, se temos a maldade como um ato comum na nossa vida cotidiana; se deixamos o egoísmo realmente tomar conta de nós ou qualquer outro tipo de atitude ou sentimento, seja ele positivo ou não, sempre temos as portas totalmente abertas para falar nosso querido irmão Jesus.

Como é prazeroso olhar para Ele, seja num desenho ou no próprio espelho, como é maravilhoso elevar os pensamentos a Ele, conversar, trocar palavras, contar do nosso dia, agradecer, nossa, é uma sensação indescritível senti-Lo junto a nós.

Se todos parassem para pensar, um só segundinho de nosso dia, olhar para o alto, e dizer apenas: - Jesus! Nossa, ocorre uma energização por nosso corpo que chegar a ser algo de se emocionar. E digo mais, com tanto mais fé você tiver, mais maravilhosa será a sensação ao apenas citarmos o nome dele.

Obrigado Jesus, por fazer parte da minha vida, em todos os momentos dela."

(22/08/03)

Imaginando que o leitor provavelmente leu o volume um desta obra, se eu afirmar que o autor do texto acima sou eu, provavelmente haverá uma grande surpresa.

Aliás, quantas pessoas ao nosso redor, poderiam ter escrito textos semelhantes, não é mesmo?

Mas sim, confirmo, fui eu mesmo que escrevi.

Esses dias estava mexendo nos meus cadernos da época da faculdade, e deparei-me com algumas folhas escritas com tópicos que nada tinham a ver com química, nem com biologia.

Eram desabafos, rogando minha fé a algum criador e, principalmente, a Jesus.

Veja novamente a data, por favor.

2003.

Nesta época, com meus vinte e poucos anos, estava profundamente mergulhado nos preceitos espíritas.

Como descrito em outro momento, fui convicto da doutrina até meus 30 anos.

Pois bem, qual o grande motivo de demonstrar aqui essa outra face da minha vida?

Justamente para deixar claro que não sou um pregador ateu; muito menos um revoltado com religião e que resolveu que ela é a grande inimiga da humanidade.

Jamais teria essa pretensão, e muito menos essa força.

Demonstro com isso apenas, que realmente posso afirmar, com provas, que realmente conheci os dois lados da moeda.

Assim como hoje sou completamente livre de qualquer crença em seres sobrenaturais, e por consequência, a qualquer tipo de religião ou dogma, já estive imerso de maneira considerável na crença de que Jesus veio à Terra para nos salvar.

Logo, posso ajudar o leitor se assim quiser, a entender como é essa passagem de um ponto a outro.

Podemos começar por uma minuciosa interpretação do que foi escrito.

Repare que a gramática não está inteiramente correta; portanto, acredito, tratava-se realmente de um desabafo.

Sabe aqueles momentos da vida, em que nos sentimos mal por qualquer motivo, e temos a lembrança de guiar nossos pensamentos/palavras a um pai criador? Pois é, fielmente acredito que foi isso que tenha ocorrido.

Outra coisa, veja como começa o texto. Eu estava totalmente assustado com a ideia de que há pessoas que não possuem crença em um ser superior.

Veja bem, ninguém me ensinou isso. Era como me sentia, e como muitos devem sentir também.

Se ninguém me ensinou, por que era assim que me sentia?

Resposta direta e embasada?

Pelo local que nasci.

Nasci em família espírita. Espiritismo, era tido como uma verdade absoluta no meio em que eu vivia.

Como que eu imaginaria que pudesse ser algo que não fazia sentido?

Naquela época, não questionava. Apenas aceitava.

Outra coisa: a ideia do pecado e do perdão. Não importa quem somos, sempre teremos a porta aberta para falar com Jesus.

Vendo hoje essas palavras, percebo claramente como que realmente somos (digo em relação aos cristãos) facilmente instruídos a evitar o pecado; no entanto, caso eles ocorram, podemos nos direcionar a Deus/Jesus e nos desculpar.

Essa é uma das grandes críticas que o cristianismo sofre. Passar a ideia de que um pecador será salvo, se pedir perdão a Deus.

Se mal interpretadas essas palavras fatalmente poderá levar indivíduos a cometer os mais diversos tipos de delitos, sejam eles leves ou até mesmo os mais danosos. Claro, se estiver consolidada na mente do pecador que depois ele se resolve com Deus, o que o impedirá?

Só para não dar margens à errôneas interpretações, eu não pensava assim.

Pois no meu caso, tinha um problema ainda maior em cometer qualquer tipo de pecado: eu iria para o *umbral* (definido no meio espírita como algum local ou estado de mente transitório, destinado às pessoas que não cumpriram suas missões na Terra). Ou então, teria que pagar o que fizera em uma próxima reencarnação.

Voltando ao texto, fui enfatizando a sublime sensação de ter a crença em alguém tão magistralmente bom.

Caro leitor, embasado no "desabafo", pergunto.

Você já falou com Jesus?

Já viu ele no espelho?

Sentiu-se energizado somente em falar o nome dele?

Sejam quais forem as repostas que você tiver a essas três perguntas, não posso em hipótese alguma criticar ou debater.

E o motivo é muito simples.

Há 17 anos, eu responderia sim a todas elas.

Hoje, sinto-me encabulado por isso. E claramente percebo, à luz dos conhecimentos atuais e daquilo que amadureci em minha forma de ver e entender a vida, que nunca passou de divagações criadas pela minha mente, com base naquilo que estava a minha volta. Assim como direcionaria minhas orações a um outro deus, caso nascesse em um país que apresentasse uma outra religião predominante. São muitas as possibilidades.

Neste momento que me encontro agora, não adiantaria nenhuma pessoa me dizendo que irei para o inferno, que sou um pecador ou qualquer coisa do gênero. Simplesmente já não faz o menor sentido para mim essas coisas; já que sou, apenas e somente, um ser biológico.

Como eu tinha apenas crenças sem justificativa racional e ainda o que é pior, sem qualquer tipo de evidência, simplesmente deixei-as de lado, sem qualquer problema com isso.

Simplesmente deixei de associar o amor, a fraternidade, a moralidade, e tantos outros aspectos positivos da humanidade, a um deus que ficaria olhando por nós 24 h por dia, esperando ansiosamente por nossas orações.

Por fim, quando digo que realmente conheci os dois lados da moeda, tenha a plena convicção que não se trata de força de expressão. E sim, da mais pura (e por que não, dura) realidade.

Troquei as fábulas pelos fatos.

A cisão

Quantas e quantas noites, por toda a minha vida até chegar aos 30 anos, teci uma oração destinada a Deus. Seja um rápido agradecimento, uma prece, uma reflexão. E dormia em paz. Como descrevi em outro momento, cheguei a me indispor com conhecidos que não possuíam a crença em Deus que, outrora, eu possuía.

Quem vai negar que isso tranquiliza? Ajuda a dar um empurrãozinho para que o sono que já está ali, batendo a porta, possa ser usufruído da melhor maneira possível.

Por vezes, por incrível que pareça, torcia para chegar o período noturno, justamente para entrar em contato com nosso pai criador. Quando ocorria que, num determinado dia, a vontade fosse muito grande, fechava os olhos num canto e rezava ali mesmo, muitas vezes, apenas em pensamento. E sentia-me melhor.

Quem é que não quer um pai acima de nós, para cuidar de nossas dores, dar guarida para combatermos os nossos mais temidos medos, ouvir-nos sem nada pedir em troca?

Assim, quando ocorria algo de bom em minha vida, seja o que fosse, adivinha quem era o primeiro a receber um agradecimento?

Muito obrigado Deus, por ter conseguido tal coisa.

A maioria das pessoas passará a vida toda com essa relação com Deus, e se sentirão realizadas com isso. E tudo bem.

No entanto, caro leitor, chegou o momento de eu sentir que isso tudo, sinceramente, incomodava-me.

Lembro até de ficar com raiva de mim mesmo, quando cansado ao extremo, antes de fechar os olhos, tinha que fazer a conversa divina. Digo "tinha", pois realmente é assim que sentia. Como se fosse uma obrigação. Todas as noites, comemos algo, escovamos os dentes, oramos, e dormimos. E assim foi, por aproximadamente 30 anos da minha vida.

E aí veio a cisão. Lembro claramente da primeira vez que decidi, por deliberada vontade, não rezar mais.

Iniciava ali uma nova era em minha vida, a era de aceitar as coisas como elas são. Sem imaginações. Nem proteções sobrenaturais que nunca houvera se quer uma única prova. Confesso que me senti mal. Mas não por não ter rezado naquela noite! E sim, por ter perdido tanto tempo, em tantas noites, direcionando meus pensamentos e minhas confissões mais íntimas para o nada, ou então, apenas para o interior de minha mente.

Quando tirei Deus de minha vida, não tive medo, receio e nem nada parecido. O que tive, foi um alívio que até hoje reverbera em meus pensamentos.

Não estou sendo injusto de forma alguma com o que acreditei por tanto tempo, e sim, apenas sentindo que de fato era muito fácil desabafar com minha mente, torcendo muito para alguém estivesse ouvindo e assim, conseguindo me dar paz para ter uma boa noite de sono. Mas a partir do momento que percebi que minhas preces eram para o nada, fatalmente perdeu totalmente o sentido continuar.

Assim, a partir da noite que resolvi não mais rezar, passei a trabalhar muito em cima desta ideia para poder passar a tranquilidade a outras pessoas também, para se quiserem, ter a mesma sensação.

Porque confesso, é prazeroso.

Por mais que poderia ser magistral a sensação de ter uma proteção sobrenatural 24h por dia, preferi trocar pela incerteza de que devo estar sempre atento a todos os fatos que me acompanham no meu cotidiano, uma vez que assim, estarei mais preparado e atento às adversidades comuns da vida

de qualquer pessoa, e para tanto, dependerá de mim, e somente de mim, como reagirei a cada uma delas.

Gostaria muito, assim como qualquer ser humano na face da Terra, de ter um protetor universal. No entanto, não há nenhum. Pelo menos, na falta de provas, prefiro não ficar apenas na imaginação.

Como já discorrido inúmeras vezes, crer ou não em providência divina é pessoal, de foro íntimo. Não há como debater isso.

No meu caso, procurei respostas a isso em diversas fontes. Realmente fui atrás para tentar entender a necessidade de existência de um ser superior. E neste momento em que me encontro, a resposta de não haver nenhum deus acima de nós deixa-me mais seguro.

Na verdade, haveria uma série de caminhos para seguirmos em busca desta resposta. Sério, vários mesmo. Assim como deve haver, e de fato há, caminhos que muito devem usar para "provar" a existência de Deus. No entanto, nestes casos, não passariam de divagações, crenças, suposições. E assim será, até que haja uma prova definitiva.

Vou escolher um, tendo como início um excelente comentário a respeito do assunto, do estudioso Christopher Hitchens.

Estamos no ano de 2020. A espécie *Homo sapiens* apareceu na Terra por volta de 100.000 anos atrás. Alguns falam em 200.000 ou até mais. Mas podemos manter o primeiro valor, pois já será dada a base necessária para o que quero explanar.

Destes 100.000 anos, podemos cravar a ideia de que por 98.000 anos ninguém soube de nenhum Jesus Cristo que tenha estado por aqui, uma vez que ele "surgiu" na Terra há 2 mil anos.

Então, o cristianismo, a maior religião do mundo (em número de adeptos), é bem nova.

E antes dela, no que acreditavam?

Suponha que você tenha nascido há 2.500 anos, na Grécia Antiga.

No que você acreditaria?

Em Apolo, Afrodite, Atena, Dionísio, Eros, Poseidon, Zeus e tantos outros.

Regresse um pouco mais. Egito Antigo.

Ámon, Rut, Osíris, Set, Ísis, Hórus e muitos outros seriam os nossos escolhidos.

E regressando ainda mais no tempo, outros nomes, formas e maneiras de representar seres celestiais surgiriam. Passando a nítida ideia de que o deus em que se acredita tem muito mais a ver com a era em que vivemos do que propriamente uma verdade inquestionável.

E nem precisamos ir muito longe para entender isso. Visite países, agora em 2020, nos quais o cristianismo não seja a religião predominante.

Fatalmente entrará em contato com outras formas de deuses que nada se parecem com aquele que você acredita.

Podemos portanto, finalizar com a ideia de que a religião professada por alguém é apenas fruto de sua escolha, muito relacionada à região e época em que vive. Como um time de futebol.

Moro no Brasil e torço para o Palmeiras.

Poderia torcer para o Barcelona, Manchester United, Mazembe, Chicago Fire?

Claro que sim, no entanto, fica muito mais prático seguir um time que joga no país em que vivo para poder acompanhar de perto de suas partidas, os campeonatos que disputa, as informações relacionadas a ele etc. E claro, é muito mais fácil no país que vivo encontrar palmeirenses do que mazembenses.

O mesmo ocorre com a religião. Uma escolha. E essa escolha, muitas vezes, já fazem por nós. Como por exemplo, nossos pais, que nos levam semanalmente à igreja, a um centro espírita, umbanda e tantos outros meios religiosos.

Assim como no Brasil as religiões cristãs são predominantes, não haveria problema nenhum uma pessoa escolher seguir a religião hindu. No entanto, por ser uma religião oriental predominante na Índia, não seria tão simples seguir seus fundamentos básicos justamente por estar longe daqueles que a praticam. Mas ratifico, não haveria problema algum. Foi apenas uma escolha dela.

Logo, assim como existem pessoas que escolhem não torcer para time nenhum, existem aquelas que optam por não ter nenhuma religião. Simples assim.

E não sou infeliz ou ingrato por esta escolha! De forma alguma. É apenas e somente uma opção. Como torcer para o Palmeiras.

O respeito a todos, independente da religião que escolham, é fundamental. E mais ainda, àqueles que escolhem não praticar nenhuma.

Agora, acho importante ressaltar que quando digo que não há comprovada a existência de deuses, de forma alguma estou passando a ideia de que não existe nada fora do corpo biológico. Seria muito leviano pensar assim.

O que acredito, fielmente, é que devem haver muitas coisas que o ser humano ainda não conhece. Quanto mais a tecnologia e as ciências avançarem, mais claro ficará o conhecimento sobre determinados assuntos que ainda não conhecemos e não sabemos do que se trata.

No entanto, dentro desses possíveis tópicos ainda desconhecidos, consigo facilmente descartar existências de espíritos, deuses, anjos etc.

Por um motivo muito simples. Nunca houve se quer uma prova.

Se um dia uma prova incontestável vier à tona, ótimo, mudarei radicalmente meus paradigmas. E terei grande prazer nisso.

Exatamente como foi a busca de Houdini (descrito mais abaixo). Ele não queria simplesmente desmascarar. Ele queria ser convencido de que não estava sendo enganado.

Que a sorte lhe acompanhe!

Vamos dar um pouco mais de noção ao fato concreto de que o deus a qual oramos nada mais é do que um fruto cultural da região em que nascemos (ou vivemos).

Suponha que você esteja no Brasil, tenha por volta de 16 anos, cursando o Ensino Médio e seu professor, no meio da aula, diz a todos para pararem o que estiverem fazendo e que ofereçam, naquele exato momento, uma oração ao deus Alá, por exemplo.

Será que essa atitude seria bem-vinda? Como se sentiriam os alunos?

Talvez numa primeira vez todos achassem graça e acabassem entrando na ideia do professor.

Mas e se isso tornasse-se uma rotina? Todas as aulas, todos os dias, no mesmo horário, todos deveriam oferecer uma oração ao mesmo deus.

Daria certo isso?

Categoricamente podemos afirmar que não.

Claro, a maioria dos alunos (brasileiros) são católicos, e não se sentirão a vontade em orar para um deus desconhecido.

Então veja bem: por serem católicos, acredito que a maioria dos fiéis, só se sentiriam a vontade caso a oração fosse destinada ao Deus da Bíblia. Mas não para outro.

Portanto, de certa forma, podemos dizer que dentro das religiões, existe uma série de "jurisdições" , ou seja, cada um rezando para aquele deus que tem mais afinidade.

Agora por que a revolta, ou a indignação, com alguém que escolhe não seguir nenhuma doutrina religiosa?

Por que tanto desprezo com ateus e agnósticos?

Vivemos em uma era na qual já não podemos mais aceitar qualquer tipo de discriminação. Sobretudo com religião. Se a escolha é livre, uma vez que não somos obrigados a ser religiosos, por que não posso escolher nenhuma?

Por que isso incomoda tanto as pessoas?

Um dia estava numa sala de aula, e comentei: "todos nós somos um pouco ateus" (descrevi um pouco desta situação no volume anterior). Naquela ocasião, o pretexto era de que ao escolher um determinado deus, renunciamos a todos os outros. Por isso somos um pouco ateus.

No entanto, nessa sala de aula, ouvi o seguinte comentário de uma aluna:

- Discordo professor: eu creio em apenas um deus.

Então reafirmei, pois é, por isso que você é um pouco ateia, já que renuncia todos os outros.

A resposta dela:

- De forma alguma. Pois esse que eu creio, vale por todos. O meu Deus é o verdadeiro, e único.

Quase que pedi a ela: como se prova isso? Ou então, o que os fiéis de outras religiões achariam dessa resposta? Soberba? Ou mais, por que o seu seria o certo e o das outras pessoas não?

No entanto, por ter certeza que começaria naquele momento um debate sem fim, resolvi encerrar o assunto ali mesmo.

Aproveitando o ensejo, veja como é propagado o Deus católico. Ele vale por todos.

É o Deus dos deuses. Será que um hindu concordaria com isso? Um islão? Um nórdico?

Pois é, mais uma vez provamos que acreditar ou não em deus, e em qual deus, nada mais é do que uma questão de cultura, de local de nascimento, de crença. Mas jamais como um fato.

Acredito fielmente que principalmente no Brasil, somos livres para acreditar no que quisermos. Sem nenhum tipo de problema. No entanto, sempre vale a máxima: o que é bom para um pode não ser bom para o outro.

Inclusive, esses dias estava pensando sobre como de fato a palavra deus está inserido no nosso no dia-a-dia. Sendo religioso ou não, temos que conviver com isso.

Pare para pensar, caro leitor, quantas vezes ao longo de um único dia, ouvimos as seguintes frases:

- vá com Deus;
- Deus te acompanhe;
- graças a Deus ;
- obrigado Deus;
- e tantas outras.

Fácil concluir que, na verdade, quando alguma pessoa invoca Deus para outra, primeiramente, é porque quer o bem dela, isso não tenho a menor dúvida.

Porém, por que Deus?

Para mim, a resposta é mais simples do que parece. A pessoa que deseja algo relacionado a Deus para outra, está na verdade lhe desejando algo de bom, como um: "boa sorte".

Assim, fiz a seguinte reflexão: toda vez que ouvir a palavra deus, troque-a pela palavra sorte. Ficará provado de uma vez todas que a pessoa está querendo nosso bem, e não precisa ter a menor relação com deus ou com qualquer entidade imaginária.

Que tal:

- vá com sorte;
- que a sorte lhe acompanhe;
- graças a sorte;
- obrigado sorte;
- etc.

Confesso que senti que ficou muito mais simples. E ao mesmo tempo, tão mais verdadeiro e mais honesto.

Claro, quando você deseja sorte a uma pessoa, você quer o bem dela de fato. Agora, desejar algo relacionado a deus, pode cair num problema seriíssimo.

Sabe qual?

De repente acontece algo de ruim com você. Essa mesma pessoa que desejou "vá com Deus" provavelmente proferirá a seguinte frase, após o ocorrido: "Deus sabe o que faz".

Houdini e o espiritismo

Como este livro está muito mais preocupado com o poder dos fatos em detrimento de situações que não podem ser comprovadas, quero transmitir um caso muito válido que ocorreu há mais ou menos 100 anos.

Há uma interessantíssima história envolvendo aquele que, para muitos, é o maior mágico de todos os tempos, e o espiritismo.

Refiro-me a Ehrich Weisz conhecido mundialmente pelo pseudônimo de Harry Houdini.

Grande ilusionista, teve uma destacada carreira no mundo da magia com seus truques extremamente misteriosos, realizados com grande habilidade e destreza.

No entanto, Houdini teve um episódio que também deixaria marcada sua carreira, e também sua vida.

Tudo começa com a morte de sua mãe, Cecília, em 1913.

Como era muito apegado a ela, Houdini caiu em profunda tristeza, tornando sua vida amarga e com pouquíssima vontade de seguir em frente. Aliás, a única coisa que de fato o motivava a prosseguir, era o trabalho. Houdini se deprimiu muito com a morte da mãe.

Provas de que ele realmente ficara bastante perturbado com o falecimento materno, são as incessantes visitas ao cemitério onde ela fora enterrada, chorando muito e "conversando" frequentemente com ela.

Alguns amigos, justamente por perceberem a dor que dilacerava Houdini, aconselharam-lhe a frequentar determinados centros espiritualistas, muito comuns na época, que se diziam capazes de conversar com os mortos.

No entanto, o próprio Houdini se lembrou que no início de sua carreira, já havia inventado supostos encontros com espíritos, como parte de seus truques.

Mesmo assim, muito deprimido que estava, aceitou visitar os centros indicados pelos amigos.

Para a sua total insatisfação, logo nas primeiras reuniões que esteve, percebeu claramente que nada mais eram do que truques que ele mesmo usara outrora.

Furioso, por se sentir lesado uma vez que estava em profundo sofrimento, e sentiu que abusaram desta situação tentando enganá-lo, passou a dedicar uma boa parte da vida a desmascarar os mais diversos médiuns por uma boa parte da Europa, principalmente. Assim, passou a fazer demonstrações para o público replicando os truques que viu quando frequentou as supostas reuniões mediúnicas. Claro que com isso, acabou se tornando uma pessoa não muito bem vista pela comunidade espiritualista da época.

E por que Houdini fez isso? Justamente para preparar as pessoas a não se deixarem ser enganadas pelas mais diversas formas de fraudes que os supostos médiuns iriam propor.

Certa vez, numa apresentação de mais um espetáculo de Houdini, o mágico conheceu o mundialmente famoso Sir Arthur Conan Doyle, médico, escritor, conhecido principalmente pela criação das obras do detetive fictício mais célebre de todos, Sherlock Holmes. Além disso, Doyle era muito conhecido também por ser um grande admirador e divulgador das ideias espiritualistas.

Ou seja, Doyle e Houdini chegaram a ser amigos, mesmo sabendo que possuíam crenças absolutamente contrárias em relação ao espiritualismo. Inclusive, como Doyle tinha dedicado o restante de sua vida a defender os princípios sobrenaturais, viu em Houdini alguém famoso que poderia ajudar ainda mais na disseminação das ideias espíritas. Logo, tentou convencê-lo.

Num encontro entre os dois, ficou combinado de irem até sessões espíritas para observá-las com um pouco mais de afinco, e ver que elas realmente são possíveis, sem nenhuma forma de truque, como acreditava Doyle. Houdini aceitou, mas a sua tese continuava inabalável: tudo não se passava de enganação. Muitas vezes, o mágico demonstrou a Doyle os truques, até porque, como descrito antes, ele próprio usara em outros momentos de sua carreira.

No verão de 1922, mais precisamente em 17 de junho, as famílias de Conan Doyle e Harry Houdini aproveitavam a praia de Atlantic City, quando a esposa do escritor, a médium Jean Leckie, iniciou uma sessão para estabelecer contato entre Houdini e sua falecida mãe.

Imagine a situação, caro leitor, um mágico ilusionista capaz dos mais diversos truques, já tendo desmascarado uma série de médiuns, é convidado para mais uma reunião na qual há a ousada informação que entrariam em contato com sua própria mãe.

Quase que consigo imaginar o que Houdini deve ter sentido quando recebeu esse convite. Deve ter ficado obstinado a desmascarar ainda com mais afinco, mesmo sendo amigo do casal. Ou então, ansiando por ser finalmente convencido.

Os três se fecharam em um quarto, e Doyle fechou as cortinas e começou a rezar. Quando Jean entrou em transe, Houdini estava emocionado. Jean, bastante alterada, começou a escrever as mensagens recebidas em um caderno.

Por instantes, Houdini chegou a acreditar que era possível entrar em contato com os mortos. O texto (com quinze páginas) dizia como sua mãe estava orgulhosa por todo seu sucesso. Tudo parecia ir bem, mas Houdini, em silêncio, estava amargamente decepcionado.

Na verdade, sua mãe jamais o chamava de Harry, como a médium escreveu, já que esse era seu nome artístico. Para ela, o filho sempre havia sido Ehrich, seu nome de batismo. Além disso, a mãe teria escrito em inglês (língua que não dominava) além de ter desenhado uma cruz (ela era esposa de um rabino, logo, não tinha o hábito de rabiscar cruzes). Em suma: mais uma vez, Houdini se sentiu enganado.

Resultado: ali havia sido o momento da ruptura entre os dois gênios e um dos grandes incentivos para que Houdini iniciasse sua luta contra o espiritismo.

Fácil concluir, a amizade entre os dois se desfez e acabaram se tornando rivais. Inclusive, Doyle afirmava categoricamente que o próprio Houdini era um poderoso médium, e justamente por isso possuía as habilidades que demonstrava com bastante facilidade. Claro, Houdini ficou ainda mais furioso declarando que tudo o que fazia nada mais era do que o produto de horas e horas de pura dedicação e treinamento, não tendo absolutamente nada de sobrenatural.

Como forma de retaliação, o mágico lançou um grande ataque a todos aqueles que se diziam capazes de atos sobrenaturais. Um desses atos, foi a atuação em um filme, criado por ele mesmo, chamado "O Homem do Além", onde mostrava como os alegados médiuns usavam truques baratos de mágica para enganar seus clientes. Ele escreveu exaustivamente em colunas de jornais advertindo as pessoas a não confiar em falsos guias espirituais e abrir os olhos para esse tipo de mau-caráter que se aproveita da dor alheia. Houdini passou a ser chamado de "Debunker" - algo como desmascarador - pelos jornais da época e o termo rapidamente pegou.

Passou a ser muito comum ele frequentar reuniões espiritas totalmente disfarçado, para que após a realização da suposta reunião mediúnica, ele levantasse, tirasse o disfarce e pronunciasse: - *Eu sou Houdini. E você é uma fraude.*

Enquanto Houdini desmascarava os mais diversos médiuns, ele ansiava muito que um dia tudo pudesse ser verdade, ou seja, que de fato a mãe dele pudesse se comunicar com ele e dizer que estava tudo bem. Portanto, ele possuía uma ponta de esperança que, fraude após fraude, ia fatalmente ficando cada vez mais improvável.

E assim foi, pelo resto de sua vida que, diga-se, foi bastante curta.

Houdini morreu em 1926.

Como ansiava por uma resposta do além, deixou registrado para sua esposa, Bess, algumas palavras que seriam ditas após sua morte, caso seu espírito pudesse de fato interagir com algum médium.

Após sua morte, muitos médiuns diziam ter recebido Houdini, mas nenhum pronunciou as "palavras mágicas".

Há uma ideia de que um determinado médium conseguiu acertar as palavras, causando espanto na esposa do mágico. No entanto, pesquisas posteriores comprovaram que esse médium tivera acesso a diários particulares de Bess; logo, deve ter tirado dali as palavras combinadas com Houdini.

Essa história envolvendo Houdini é extremamente reveladora em nos mostrar como o questionamento é a maior virtude que temos a nossa disposição. Ele questionou, profundamente. Não aceitou verdades apenas baseadas em fé, e em crenças. E ainda, o que é muito pior, baseado em fraudes.

Trabalho muito parecido com o de Houdini, faz o mágico James Randi, descrito em um capítulo do volume anterior.

Ou seja, caro leitor, são duas pessoas em épocas diferentes que concluíram a mesma coisa: fenômenos sobrenaturais não existem, até que se prove o contrário.

Parte IV.

Reflexões sobre nossa existência

O segredo da existência humana reside não só
em viver, mas também em saber para que se vive.

Fyodor Dostoevsky

O teatro da vida

Para dar uma margem mais real a essas duas formas de pensar, que no meu caso foram a visão espírita e a que tenho agora, agnóstica-ateísta, vou propor um exercício de imaginação.

Vamos supor que em determinado momento de nossas vidas, estivéssemos na frente de um teatro.

Na verdade, vamos imaginar que para toda e qualquer pessoa que já existiu, aconteceu isso. E para todos aqueles que ainda existirão, acontecerá.

Em algum momento, deveremos adentrar este deslumbrante prédio.

E esse local, de certa forma, dá-lhe a certeza de que a hora que você adentrá-lo, não haverá mais como sair. Só sairá de lá quando morrer.

E claro, não há como não entrar. É obrigatório.

Assim como respirar gás oxigênio ou tomar água.

Então, como não há outra opção, todos se dirigem rumo a sua porta de entrada.

Apenas um detalhe: trata-se de um teatro pago.

Não há problemas, pois todos que ali se encontram já possuem o dinheiro necessário para entrar, sem exceção.

Ao chegar próximo do cobrador de ingressos, são oferecidas duas opções.

Na verdade, o que chega até a ser intrigante, é que são dois preços distintos para uma mesma possibilidade. Adentrar ao teatro.

Seria como um adulto ir ao cinema, mas pagar preços absolutamente diferentes. E nada tem a ver com meia-entrada.

Aqui estão:

Opção A: custa R$ 100,00.

Opção B: custa R$ 2.000,00.

O que você faria?

Supondo que já fosse do conhecimento de todos que são duas opções para uma única experiência (supostamente), facilmente conclui-se que a maioria das pessoas iria de opção A. Por um motivo óbvio. É (muito) mais barato.

No entanto, no momento em que alguém já está inclinado em escolher a opção mais em conta, o vendedor lhe pergunta:

- Você não que saber qual o motivo de serem preços tão distintos?

- Bem, já que você perguntou, vamos lá. Por que a diferença nos preços?

Ele respira fundo e diz:

- Na opção A, você vai sentir a partir do momento que

entrar pela porta principal, que o teatro tem toda uma magia por trás. Terá sempre a impressão de que existem seres, que não estão a sua vista, mas que estão por ali para lhe guiar por todo o resto de sua vida. Você sentirá também que haverá sempre um incentivo, de todos os lados, provindo das pessoas que também estão lá dentro e que escolheram a mesma opção, para que você dê a devida atenção a esses misteriosos seres, para que eles possam continuar olhando por você. Então de certa forma, você acaba se sentindo protegido por seres que não terá contato físico, mas pela mente e imaginação terá a certeza que sempre estarão à disposição, como se fossem seus grandes guias por todos os momentos em que viver. E o que é melhor, eles sempre lhe passarão a impressão de que nunca lhe abandonarão. Ficarão com você até o fim de sua jornada dentro do teatro, ou seja, da sua vida.

Após ouvir tudo isso, era normal qualquer pessoa ficar meio sem saber porque teriam dois preços tão diferentes, se o primeiro já era tão vantajoso. Logo, era comum nem pedir para ouvir o porquê do segundo valor.

- Já estou resolvido, vou de opção A com certeza.

E assim, indefinidamente, milhares, milhões, bilhões de pessoas passam pelo tal teatro, escolhendo sem pensar, a opção A.

Por mais que o cobrador tentasse alertar que seria importante conhecer as duas opções, todos (ou praticamente todos) já escolhem a opção A sem ao menos ouvir a opção B.

No entanto, com o passar do tempo, vamos imaginar que aparece alguém que questiona com mais afinco a existência de dois preços tão distintos.

Vamos chamá-lo de Fred.

Ao chegar próximo à catraca de entrada do teatro, Fred

não se impressiona com todas as vantagens da opção mais tentadora e, para a assombrosa surpresa do vendedor de ingressos, questiona-lhe:

- E a opção B, por que ela é tão mais cara?

A princípio, deixou o cobrador realmente incrédulo. Não era o tipo de pergunta que ele estava acostumado a ouvir, muito pelo contrário, nunca ouvia.

Justamente por isso, ele nem mesmo sabia dar a resposta direito.

Mas, uma vez que Fred estava realmente motivado a sanar sua dúvida, veio a resposta do cobrador:

- Veja, a opção B não trará à sua passagem pelo teatro, determinados auxiliadores invisíveis que ficam a sua disposição o tempo todo. Você não se sentirá seguro e não terá quem ouvir seus comentários e seus pedidos. Assim sendo, você apenas ficará lá dentro vivendo sua vida, sem nenhum tipo de segurança invisível. E o que pode ser consideravelmente pior, as pessoas que lá estarão, terão esses auxílios e você será obrigado a conviver com eles fazendo seus pedidos e clamando por ajudas a vida toda. Além disso, estas mesmas pessoas possivelmente zombarão de você por não ter os mesmos privilégios que eles.

Meio sem entender direito o que estava acontecendo, Fred questiona com ainda mais interesse. Falando mais baixo, diretamente no ouvido do cobrador, ele diz:

- Pode ser franco comigo. Não sou estúpido. Alguma coisa aí não está batendo. Como pode ser uma opção muito mais cara se eu sairei perdendo? Quem em sã consciência faria essa escolha?

Completamente sem graça, mas ao mesmo tempo feliz por poder esclarecer com honestidade, diz o cobrador (em voz baixa, para apenas Fred ouvir):

- Veja, a verdade é o seguinte. Quem opta pela opção B, terá muito mais condições de viver uma vida mais completa, sem nenhum tipo de esperança em seres invisíveis. E justamente por não haver esse auxílio, a opção B te dará a certeza de que você conseguirá conhecer o interior do teatro em todos os seus detalhes, sempre buscando suas próprias respostas as suas próprias perguntas. Se procurar bem, encontrará pessoas, ou então obras deixadas por elas, que também optaram ao longo da história pela opção B. Não será fácil encontrá-las, pois são poucos em relação ao total, mas ao achá-las sentirá que há uma valiosa ajuda de suas obras concretas para que você possa sempre se sentir realizado em ter escolhido a opção certa.

E há mais um detalhe, continua o cobrador, a opção A sai muito mais em conta pois já que há a ideia de que existem seres invisíveis lá dentro, teremos a certeza de que as pessoas não nos perturbarão com questionamentos profundos sobre a formação do teatro ou algo do gênero. É só imaginar que tudo foi por obra dos tais seres.

Ao ouvir tudo isso, Fred finaliza:
-   Por favor, quero a opção B.
E o caro leitor, iria de qual?

O dilema do trem

Vamos propor mais um:

Por incrível que pareça, mas a ideia de que as pessoas apresentam de realmente haver um plano superior esperando por nós, pode, ao invés de levar a pessoa a praticar o bem, torná-la, sob certa ótica, egoísta. Podemos aí ver um caso de inversão de valores fácil de ser observado.

Se cada ser humano que por aqui se encontra, tiver consolidada a ideia de que irá para um lugar melhor quando morrer, fará com que, enquanto em vida, seus atos sejam todos em prol desse bem maior.

Portanto, sua vida poderá ser condicionada não a fazer o bem coletivamente pensando, e sim, individualmente. Ela fará aquilo que julgar que é o certo, pois estará pensando em alcançar essa dádiva maior.

Mas o que é o certo?

Quanto do que achamos ser o certo não está unicamente baseado em crenças que apresentamos?

Grandes reflexões podem surgir simplesmente ao examinarmos determinadas situações, e perceber como que o conceito de certo e errado podem parecer, a principio, tão próximos.

Vou exemplificar.

O leitor já deve ter se deparado, provavelmente, com aquele velho dilema sobre a linha de trem.

A questão consiste no seguinte (há algumas variações, de acordo com o autor que o relata): você está próximo a uma alavanca que, se acionada, fará o trem, que se aproxima rapidamente, tomar outro caminho. Portanto, você pode decidir dentre dois caminhos possíveis, para onde deverá ir o trem. Então, o destino no trem estará unicamente em suas mãos.

Ocorre que, se o trem seguir o caminho normal, sem a alavanca ser manuseada, haverá cinco pessoas que fatalmente serão atropeladas, uma vez que todas estão dormindo no trilho. No entanto, se você acionar a alavanca, o trem pegará um segundo caminho que atropelará apenas uma pessoa, que estaria também dormindo no trilho.

E agora, caro leitor?

O que você faria?

Reflita profundamente antes de prosseguir a leitura.

Conseguiu entender o questionamento? Cinco pessoas ou uma pessoa? Sendo que, no primeiro caso, você seria responsável apenas por omissão (talvez). Já no segundo, o resultado final da morte daquele indivíduo será por sua escolha.

Na minha opinião, a resposta depende muito da crença que cada um de nós apresenta.

Sendo religioso, e ávido por esse bem maior após a morte, acredito fielmente que a alavanca será acionada, de forma que a morte de um indivíduo seja preferível a morte de cinco. Ninguém me disse isso e nem li em algum lugar. Apenas penso que assim seria, caso o manuseador da alavanca fosse religioso. Posso estar errado, claro, assim como pode ser verdade que as duas respostas seriam observadas caso essa questão fosse colocada a um número grande de pessoas para respondê-la.

Antes de visualizar a minha resposta, pense na sua. O que você faria? E de alguma forma totalmente livre, tente relacionar essa sua escolha com a crença que apresenta sobre a existência de um plano superior.

No meu caso, sem crença alguma em um bem (ou mal) pós-morte, simplesmente não acionaria a alavanca.

Claro, pois por mais que o estrago seja maior (afinal, cinco vidas seriam perdidas ao invés de uma), teria a minha consciência tranquila de que não tive culpa. Não foi obra minha ter acontecido isso. E digo mais, posso facilmente colocar o acaso como o responsável.

Diria o caro leitor: - Mas como acaso, você estava ali e poderia evitar.

Pois bem, o acaso fez com que eu estivesse ali. No entanto, poderiam ser outras bilhões de pessoas com a mão na alavanca. No meu caso, não mexeria nela. E se fosse outra pessoa que estivesse no meu lugar? Daí o acaso.

Agora, acho importantíssimo salientar que é muito fácil descrever essa cena e resolvê-la unicamente na esfera do pensamento. Na prática, naqueles segundos que antecedem tal fato, é muito difícil prever o que de fato seria escolhido, por quem quer que estivesse nesta situação.

O que gostaria apenas de destacar é que quando estamos presos por uma ideia fixa causadora de medos, faz com que alteremos nosso jeito de ser em prol dessa causa maior. E daí que pode surgir o egoísmo.

Poderá ainda questionar o caro leitor: - Então realmente você prefere que cinco pessoas morram ao invés de uma?

De forma alguma! Eu apenas não desejo interferir numa situação tão conflituosa como essa.

Apresente a crença que for, acho muito interessante refletirmos profundamente sobre esta situação descrita. Talvez isso revele uma importante faceta de nossa personalidade, que era desconhecida, ou então, estava profundamente escondida em nosso inconsciente.

E vejam que interessante: se passássemos a brincar com números, será que mudaríamos nossa opinião? Por exemplo, se ao invés de cinco pessoas, fossem apenas duas. Ou três, quatro. Qual o limite?

E se trocássemos as pessoas por animais? Influenciaria em algo?

A questão é: o quanto estamos dispostos a mudar o rumo dos fatos. E ainda mais que isso: mudaríamos algo em função de um bem maior coletivamente falando, ou apenas para amaciar nosso ego pensando numa recompensa posterior?

Insisto, são reflexões que, por mais que estejam longe de uma realidade que nos depararíamos a qualquer momento, ajudam-nos a nos reconhecer melhor enquanto seres humanos.

"*Conhece-te a ti mesmo*", aforismo atribuído a uma série de sábios da Grécia Antiga (como Sócrates, por exemplo), acaba resumindo muito bem a ideia dessa divagação. Quanto mais soubermos quem de fato somos, menos frustrações e decepções teremos conosco ao longo de nossa vida.

Sem limites

Suponha agora que um conhecido e adorado astro do cinema norte-americano funde uma nova religião. Totalmente fora de qualquer padrão já criado.

No entanto, ela chama muito a atenção a princípio, pelo mesmo motivo da maioria delas criadas antes: pregar o bem acima de tudo e em qualquer situação.

Em um determinado dia, o ator, ao dar início à seita, divulga em um vídeo ao vivo pela internet que estará se desfazendo de mais de um milhão de dólares que ele havia acumulado como fruto de seus filmes, destinado às mais carentes regiões do continente africano.

O que ele pede neste vídeo é que as pessoas se encontrem com ele num horário e local que estariam sendo demasiadamente divulgados, pelos vários canais de comunicação existentes hoje.

E que a partir desse dia, a vida de qualquer pessoa que com ele estivesse, teria uma transformação absurda, digna dos maiores efeitos especiais vistos nos maiores filmes.

As pessoas veem, aceitam a ideia, passam para os amigos, familiares, vizinhos...

E chega o grande dia!

Milhares de pessoas se unem ao astro, numa grande fazenda, no centro-oeste dos Estados Unidos.

Ali, com um microfone em mãos, começa a citar versos lindos, acompanhados de muita admiração e alegria dos vários fãs que ali se posicionam.

Fala sobre a vida, a morte, sobre o verdadeiro sentido de nossa existência que ele havia descoberto alguns anos antes, e claro, sobre o grande e nobre motivo de existirmos.

No ponto alto da palestra, ele cita que estava ali para criar um novo degrau na humanidade, nunca antes imaginado, e que servia para que qualquer pessoa pudesse ser capaz de sentir uma nova e duradoura sensação, cujo bem-estar que ela traria seria eterno.

Disse que os recursos adquiridos com base em seus filmes eram efêmeros, não importavam em nada, e que a plena felicidade só viria de gestos que ele ainda estava por ensinar.

Próximo a ele, no palco, havia dezenas de pessoas conhecidas dele, que aplaudiam e sorriam muito, dando a nítida impressão de já conhecer e aceitar tudo que o mestre dizia. E claro, dizia o ator, também estavam presentes uma série de entidades espirituais que o acompanhavam desde sempre.

E assim, cada vez mais encontros foram marcados, com ampla aceitação do público em geral.

A cada nova palestra, mais emoção e absoluta sensação de paz e tranquilidade eram sentidas pelas pessoas, das mais variadas idades. Viam-se ali famílias inteiras, desde avós e bisavós com seus noventa e poucos anos até recém-nascidos.

E o que fazia as pessoas estarem ali?

Poderia ter como resposta o simples fato de estarem próximos de uma celebridade tão querida por todas; ou ainda, o fato de terem a chance de ouvirem palavras tão lindas e que faziam tão bem para todos.

Agora, perceba que na situação descrita, as duas coisas estavam acontecendo: sublimes palavras ditas por alguém muito amado.

Estava pronta a receita do sucesso!

Imagine, aprender a ter uma vida melhor com uma pessoa boa, conhecida, que logo de cara se desfez de uma grande quantidade de dinheiro, demonstrando estar completamente livre de qualquer nível de avareza?

Agora, repare em alguns detalhes que estavam omissos até então nesta história.

Para entrar, toda e qualquer pessoa tinha que pagar a quantia (simbólica) de um dólar. Desde os mais novos, até os mais velhos, não havia promoção. Todos precisavam desembolsar um dólar. A cada palestra, que durava em torno de duas horas.

O que era um dólar para ouvir palavras tão sublimes? Ninguém se importava em pagar.

Outra coisa, com o passar do tempo, durante as palestras, foram propostos de maneira sorrateira, para que poucos dessem a devida atenção, algumas questões absolutamente imorais (pelo menos para as pessoas normais), como por exemplo:

- homossexuais são pessoas doentes;
- negros são uma raça inferior;
- céu e inferno existem, como locais fixos, e o planeta Terra é apenas uma espécie de purgatório;
- na porta de entrada de cada palestra, caso você queira dar mais de um dólar, é permitido, e todo esse valor a mais será em prol de sua vida pós-morte;
- todas as outras religiões foram criações do demônio par afastar os fiéis da verdade (que claro, estaria dentro desta e somente desta seita).

Citações como essas descritas acima ocorriam aos montes, mas acabam sendo minoria perante a absurda quantidade de frases que causavam o mais profundo bem-estar.

E assim, ocorrem palestras semanalmente por meses a fio.

Claro que algumas pessoas (pouquíssimas, infelizmente) por não concordarem com determinados sugestionamentos, se afastam.

No entanto, para aquelas que persistem, várias coisas vão sendo observadas:

- o nível de tolerância torna-se cada vez menor, ou seja, o racismo e o preconceito passam a guiar seus pensamentos e sua vida;

- só aceita próximo de si pessoas que participam da da mesma seita, afastando-se por completo de amigos e familiares que a rejeitaram (ou não conheceram);

- transforma sua vida toda numa via de mão única, na qual tudo tinha que se direcionar aos preceitos da seita, ou seja, sua vida fica absolutamente enfadonha (apesar do indivíduo não perceber isso);

- tem a plena convicção de que muito do sofrimento presente na Terra é por conta das pessoas não terem descoberto a verdade (claro, dentro de sua seita);

- e claro, torna-se cada vez mais pobre, uma vez que não se satisfaz mais em pagar apenas um dólar, absolutamente preocupado em conseguir "comprar" bens para o pós-morte.

Caro leitor, o que fiz acima?

Criei uma nova religião.

Você faria parte dela?

E seus amigos, familiares, conhecidos?

Alguém, com certeza, faria.

E pelos mais diversos motivos.

Então veja onde chegamos com essa fábula (se bem que, estou muito mais convencido em chamar de fato, tamanhas as semelhanças com as mais diversas religiões criadas ao longo do tempo em todas as partes do mundo). Mas tudo bem, não interferirá em nada chamar de "fábula".

A verdade é que qualquer um de nós estamos sujeitos a tudo e qualquer coisa criada por outros.

Sempre teremos duas opções de escolha: sim ou não.

O problema é que muitas vezes o sim parece ser a melhor opção.

E não percebemos o mal que estamos criando para nós mesmos, e consequentemente, para as pessoas que nos cercam.

Infelizmente, ao iniciar alguma coisa (seja a origem de uma nova religião, ou mesmo um simples debate) que envolva Deus, anjos, demônios, espíritos, almas e qualquer coisa do gênero, sempre será difícil refutar. Simplesmente pelo fato de estarmos lidando com o invisível, com algo que não se prova. Apenas, se aceita. Ou não.

E quanto mais eloquente, belo, capaz, culto, desprendido, espiritualizado e tantas outras coisas for o interlocutor, mais facilmente ele conseguirá reunir multidões a sua volta.

Veja portanto como todos estamos vulneráveis!

Enquanto houver a crença de que existe um mundo pós-morte, haverá religiões das mais variadas formas e baseadas nas mais diversas transmissões de moralidade (ou imoralidade). E claro, sempre haverá alguém feliz por segui-la.

Veja o cuidado necessário que devemos ter com coisas que nos vendem/direcionam que não sejam palpáveis, demonstráveis, concretas.

Não havendo uma prova cabal da existência de seres celestiais/anjos/deuses, qualquer pessoa pode ter formada sua própria ideia de como devem ser esses seres. E se essa pessoa for como o protagonista da história acima, a convicção passada por ele será muito maior, apenas por ser uma pessoa bem quista por todos.

Outra coisa importante, suponha que realmente essa seita tenha sido criada, com uma aceitação de dezenas de milhares de pessoas. Agora, pule cem anos para frente, admitindo que o ator e as pessoas que o acompanhavam nos primórdios da elaboração da seita já tenham todos morrido.

Acredito que numa situação dessas, seja ainda mais complicado ir contra suas pregações. Pois além de já estar consolidada como uma nova religião, seus disseminadores originais não podem mais responder nenhuma dúvida que por ventura alguém tenha. Logo, o que se observará então, é uma série de especulações sobre o que provavelmente o ator responderia.

Aí, caro leitor, é o grande passo para que essa religião seja eterna.

Como faríamos para desmenti-la ou refutá-la, se o próprio autor não existe mais?

Ou ainda, o que de fato é verdade?

O que torna uma informação algo realmente inquestionável?

Está aí a raiz de tudo que nos cerca, em todos os momentos: quantas coisas acreditamos que sejam verdades, quando o que ocorre, é exatamente o oposto; apenas acreditamos que são reais apenas por serem amplamente divulgados!

Bertrand Russell, um dos mais brilhantes filósofos/estudiosos/matemáticos que já existiram, tem uma bela reflexão quanto ao grande porquê de toda essa divagação:

"O fato de uma opinião ser amplamente compartilhada não é nenhuma evidência de que não seja completamente absurda; de fato,

tendo-se em vista a maioria da humanidade, é mais provável que uma opinião difundida seja mais tola do que sensata."

Para quem leu o volume anterior, deve ter sentido uma semelhança com a "caixa mágica". Sem dúvida.

A lagoa azul

O leitor deve se lembrar daquele filme, famoso nas *Sessões da Tarde* das décadas de 80 e 90, em que ocorre um naufrágio (ou algo próximo disso) e que um casal de crianças, junto com um senhor de idade vão parar numa ilha deserta.

O filme em questão, teve o título em português consagrado como *A lagoa azul.*

Pois bem, quero aproveitar a história deste filme para elucidar uma situação bastante interessante para que haja uma reflexão e um posicionamento a respeito.

Suponha que essas crianças fossem bem jovens, na faixa etária dos 4, 5 anos (estou fugindo um pouco do filme).

E que o senhor que os acompanhou, fosse um carinhoso velhinho, ateu, com seus 75 anos.

Fácil imaginar que, com o tempo, esse senhor morreria e que o casal de crianças deveria tomar as rédeas da situação e se virarem para continuarem com suas vidas.

Como estamos no exercício da imaginação, podemos aceitar a ideia de que esse casal cresceu, se apaixonou, tiveram filhos; estes, cresceram na ilha e em nenhuma hipótese, tiveram qualquer tipo de contato com outra pessoa que não sejam seus pais ou seus irmãos.

A grande questão que enfatizo nesse momento é a seguinte: quando algum deles parar para se perguntar o porquê de suas existências, quais seriam as prováveis respostas?

Causa-me bastante curiosidade pensar nesta situação, uma vez que colocar Deus nessa questão acharia muito pouco provável, uma vez que na ilha nada relacionava a suposta existência de um pai criador de tudo e de todos.

Portanto, como seria essa reflexão?

Como deve ser crescer numa sociedade absolutamente ateia?

Rapidamente refletindo sobre a questão, a resposta que vem em mente é a seguinte:

Essa família acostumou-se desde cedo a interagir com a natureza em várias formas possíveis. Desde alimentação, passando pela observação de fauna e flora, o oceano à disposição, a terra para pisar e ser usada para seu lar. A busca por sabores exóticos a cada fruto que fosse descoberto na ilha; os diferentes cheiros das mais diversas espécies de flores. As ventanias, os temporais, os relâmpagos.

Ou seja, muita coisa para a família absorver.

Justamente por isso, acredito que os integrantes da família sentiriam-se como se fossem partes de tudo aquilo. Logo, assim como veem animais que nascem, crescem e morrem, bem como árvores, sentiriam que com eles o mais óbvio seria ocorrer o mesmo.

Assim sendo, mesmo na hora de um provável luto, a conformação seria muito maior para aqueles que ainda vivem, uma vez que estão acostumados, desde sempre, a esse ciclo natural de sobrevivência e morte que ocorre na face da Terra.

Agora, importantíssimo ressaltar que, após a morte de um deles, os outros poderão, com o tempo, rever o parente na forma de sonhos, já que sonhar é algo absolutamente natural para todos.

E a partir desses sonhos, um importante caminho será tomado (assim como discutido anteriormente): ou o sonhador sentirá que aquilo nada mais é do que um simples sonho, uma gostosa lembrança de seu ente querido, ou então, suporá o indivíduo que na verdade, aquele que morreu está vivo em uma outra dimensão.

E a partir desse sonho, começará com todas as forças a imaginar que de fato existe um plano paralelo ao dos vivos, para onde vão todos aqueles que morrem. E se assim ele pensar, e começar a passar para todos os outros integrantes da ilha, estará pronta uma nova forma de imaginação para a humanidade: a existência de uma vida pós-morte.

Com isso, a crença de que existe um outro mundo, não acessível aos seres enquanto vivos, estará a pouco de ser iniciada.

A crença. Não o fato.

Parte V.

Reflexões sobre nossas escolhas

Não me envergonho de mudar de ideia
porque não me envergonho de pensar.

Blaise Pascal

A necessária distinção entre o ideal e o real

O tempo todo, durante todos os momentos de nossa vida, temos a comparação entre modelos ideais e reais. Ideal, no sentido de imaginar uma determinada situação, almejando alcançá-la em sua plenitude, exatamente do jeito que desejamos e batalhamos. Já o campo do real, mostra-nos que as coisas nem sempre saem como planejamos. Na verdade, olhando racionalmente, as coisas nunca saem exatamente da maneira como de fato gostaríamos. Ou seja, o ideal é abstrato, o real é concreto. Mais ou menos como aquela teoria (já proposta mais acima) de Platão.

Fácil exemplificar.

Seu filho vai iniciar o ensino médio no próximo ano. O

101

que se espera dele? As melhores notas, que estude todos os dias, que faça com esplendor todos esses próximos três anos para que, ao final do terceiro ano, possa entrar na mais renomada faculdade. Já que é uma idealização, que tal imaginar que ele sempre tenha as melhores notas da sala, em todas as provas, e que no vestibular, passe em 1º lugar, no curso mais concorrido que exista, seja sempre educado e respeitoso com seus colegas e professores, nunca falta se quer uma única aula, faça todos os cursos extras, se torne um bilíngue (por que não, trilíngue?), e ainda tenha tempo para praticar esportes, participar ativamente da rotina da família, dormir cedo, jogar videogame somente aos finais de semana (no máximo uma hora) etc.?

É o que de fato irá acontecer?

Podemos claramente afirmar que não. É improvável.

Tem dias que ele não terá o rendimento adequado no estudo, não tirará a maior nota numa prova específica, e tantos outros percalços comuns que ocorrem no dia a dia de uma escola. Ainda mais em três anos!

Por mais que ao final do ensino médio, ocorra a aprovação e ele tenha sido o melhor aluno em todos os momentos, pode apostar que terá sido um degrau (ou vários) abaixo daquilo que achávamos que seria o ideal.

Ou seja, ao final do processo conhecemos o real.

E jamais podemos afirmar que o real é ruim, de forma alguma! Até porque, a palavra ideal já traz a ideia de algo inalcançável, sendo apenas um modelo a ser seguido.

Outro exemplo: casamento.

Por acreditarmos tratar-se de uma linda história que idealizamos desde cedo em nossas vidas, passando pelos inúmeros filmes românticos de Hollywood, criamos em nossa mente que o casamento é um conto de fadas, que sempre haverá os beijos apaixonantes, o carinho, a compreensão a ajuda

102

mútua, o tempo todo, para qualquer situação.

Na prática, quem é casado sabe que as coisas não são bem assim.

O casamento, a partir do momento que é consumado, vai deixando de lado as idealizações para cair nas realizações, ou seja, no dia a dia, no que de fato será possível concretamente fazer em cada momento do dia.

E insisto, nem por isso é ruim. Um casamento respaldado na confiança, no carinho, no companheirismo, pode ao longo do tempo perder um pouco da paixão inicial, mas com certeza terão outros valores muito mais sólidos e duradouros para mantê-lo em pé.

Poderíamos exemplificar também o preparo para uma viagem de lazer (não será perfeita em todos os momentos), a leitura de um tão aguardado livro (haverá partes que desejamos que acabe logo), assistir nosso time de coração por todo um campeonato (nem sempre ele ganhará), nosso primeiro emprego (logo cairá numa rotina), nossa relação com pais e também com filhos (sempre haverá atritos) etc. O número de exemplos é infinito. Claro, para cada faceta da vida, para cada momento, cada relação, sempre haverá o que ansiamos que ocorra e o que de fato ocorre.

E tenho a plena convicção que, se tivermos em mente esta distinção, aceitaremos muito melhor os fatos cotidianos. Pois assim, não nos frustraremos quanto determinada situação não for alcançada. Podemos sempre refletir o que fez esse resultado: a falta de esforço por nossa parte ou então, se não estávamos idealizando demais determinada situação.

Inevitavelmente, surge a mesma ideia quando pensamos na crença em Deus.

Para mim, é tão claro quanto a luz do sol.

O real, é a vida como a conhecemos, os fatos cotidianos,

tudo aquilo de concreto que ocorreu, ocorre e ocorrerá em nossas vidas.

O ideal, é aquilo que queríamos que tivesse ocorrido, bem como aquilo que almejaríamos muito que ocorresse agora e num futuro próximo.

O real, pode ser doloroso, mas é certo em nossas vidas. O ideal, pode ser sublime, mas é apenas mais uma de tantas fábulas que vivemos imersos em nossa existência.

Portanto, partindo da premissa de que Deus e seus artefatos religiosos são puramente objetos mentais daqueles que acreditam em sua existência, jamais poderíamos colocá-los como a base de qualquer princípio moral que fosse, uma vez que assim sendo, cada um de nós interpretaria isso a seu belprazer. Como ratificado acima, o real é concreto; o ideal, abstrato.

Mudando a forma de pensar

Vamos imaginar que um determinado indivíduo, religioso convicto, passa a ter mais curiosidade sobre obras que provocam um certo descontentamento em continuar a crer em coisas que nunca foram provadas, e sim, sempre trataram-se de situações baseadas unicamente na fé.

Então, ele sente que chegou o momento em que não mais se satisfazia com suas próprias crenças. Estas, inclusive formadas não por sua livre escolha; e sim, provindas de tradições familiares, por exemplo.

Com estes questionamentos e avanços nas mais diversas fontes de conhecimento, surge um turbilhão de questões, como por exemplo: e agora, deixarei de ir à missa? Deixarei de ler a Bíblia? Não terei mais a proteção do meu anjo da guarda?

Então fatalmente ele, a princípio, se sentirá desamparado por não mais possuir a sensação de segurança que o acompanhava em todos os dias de sua vida.

Aí é que está!

Não há problema nenhum em conhecer esta nova faceta da vida!

Outra coisa, não é porque você embarcará em teorias completamente contrárias aquilo que acreditou por toda a vida, que lhe tornará um ateu, um revoltado, um anticristo.

Nada disso!

Apenas você está tendo a curiosidade de tentar entender como é a interpretação da vida, morte e tantas outras coisas, a partir de pessoas que não possuem crenças como a sua.

E acho muito válido acumular conhecimento seja da fonte que for. Claro, desde que confiável.

Uma vida de questionamentos, que com certeza fará com que as coisas se tornem mais reais, mais vívidas, e sem, de uma vez por todas, a sensação de que temos um véu a nossa frente cobrindo a verdade como ela é.

Está na hora portanto de adquirir novos hábitos. Estes, pautados em algo bom, como a descoberta de inúmeros escritores que trarão novas formas de pensar, e assim, fazer com que seu intelecto cresça exponencialmente.

Ao invés de se obrigar a ir à igreja toda semana, você pode se comprometer a ir a um parque todo domingo, para ver os filhos brincar, divertirem-se muito e, o mais importante, criar vínculos familiares cada vez mais fortes com você e com o restante da família. E se a vontade de continuar indo a igreja persistir, continue. Devemos fazer aquilo que nos faça bem.

No entanto, no lugar de ficar apenas focado a atos ligados somente a religião, que tal se presentear com um microscópio? Ou então, dar ao seu filho um jogo de química que já traz as mais diversas experiências para que vocês possam, juntos, desde cedo entender o que é matéria, e como são as infinitas transformações que ela pode sofrer.

Telescópios também são excelentes aparelhos para fomentar a curiosidade, a vontade de saber, o encanto que a ciência nos traz por dar a certeza de que há muita coisa legal para conhecer.

Esses dias meu filho (que está naquela famosa época dos porquês) veio me questionar sobre o seguinte:

- Papai, de onde surgiu a primeira pessoa? Quem era a mãe dele?

Confesso que vibrei com a oportunidade! Claro que ele ainda é muito novo para entender a Teoria da Evolução das Espécies, porém, já plantei a sementinha na cabeça dele.

- Veja filho, muito, muito tempo atrás, só existiam bichinhos bem pequenos na Terra. Com o tempo, muito tempo mesmo, esses bichinhos foram evoluindo para se tornar bichos cada vez maiores... Assim foram surgindo os peixes, os sapos, dinossauros, aves, macacos.... e nós, os seres humanos...

Não sei de qual forma ele aceitou essa explicação, mas fiquei feliz em poder lhe contar um fato baseado em ciência. E não ter que simplesmente inventar uma fábula para fugir para uma resposta mais simples e fácil.

Se um dos meus filhos, um dia quiser se aproximar de alguma religião, jamais me oporei. Até porque, por 30 anos, aceitava Deus como criador de tudo e de todos.

No entanto, não tive alguém em minha vida que pudesse ter me explicado que a religião que professamos tem muito mais a ver com a região em que vivemos, com nossos familiares, do que uma mera escolha.

Por isso, confesso, por mais que não colocarei nenhum

obstáculo se algum filho quiser professar alguma religião, duvido muito que isso aconteça. E é fácil entender o porquê. Eles não serão estimulados, desde cedo, a ter essa crença. E sim, aceitar que podemos tranquilamente explicar as coisas, como elas são, sem ter que fazer uso de qualquer entidade superior sobrenatural.

Gosto demais de uma frase de Douglas Adams, autor do livro *O guia do mochileiro das galáxias*:

"Não basta apreciar a beleza de um jardim, sem ter que imaginar que há fadas nele?"

E é exatamente nesta temática que tentarei criar meus filhos. Já que é exatamente assim que penso.

A natureza é linda, o Universo gigante, misterioso, assombrosamente interessante e desconhecido. E isso me basta! Não preciso crer que algo o criou!

Conseguimos respostas de outras formas, seja na biologia, química, física, astronomia, filosofia e tantas outras.

Influências

Desde que nascemos, sempre usamos alguém (ou alguma coisa) para ser nosso guia, nossa fonte de conduta, de respeito.

Repare: desde nossos pais, familiares, amigos, professores, chefes, somos sempre condicionados a seguir determinados caminhos. Porém, nem sempre eles são os mais corretos. Ou ainda, podem ser corretos para uns, mas incoerentes para outros. Ou o que é pior, muitas vezes nem se quer nos damos conta de estarmos seguindo um caminho errado.

Uma analogia que torna clara essa ideia, é a seguinte: suponha que você esteja numa estrada cuja pista é dividida em duas faixas: a da esquerda, normalmente destinada a quem está numa maior velocidade, e a da direita. Nessa estrada, há vários carros circulando, com diversos valores de velocidade. E lá está você, dirigindo seu automóvel na faixa da direita.

O tempo passa, e em um determinado momento, você se encontra atrás de um determinado carro que circula por ali numa velocidade relativamente baixa.

Logo, você tem duas opções: ou continua seu trajeto atrás do indivíduo respeitando sua baixa velocidade, ou então, facilmente pode ultrapassá-lo tomando a faixa da esquerda.

Repare, a escolha é sua.

Você determina o que fazer dentro dessas duas opções possíveis e viáveis.

Imagine agora, que esse carro que está a sua frente apresenta o logotipo formal de um importante órgão do governo, e mais, mesmo sabendo que está numa velocidade considerada baixa, é exatamente o máximo valor que aquela via permite.

Você ainda continuaria a cogitar a hipótese de ultrapassá-lo?

E se esse mesmo carro fosse da polícia, que poderia lhe aplicar uma multa? Realmente valeria a pena tentar ultrapassá-lo?

Fugindo agora para uma opção absolutamente surreal, mas que tenha um importante propósito: suponha que o motorista do carro fosse o idealizador da rodovia, ou seja, trata-se do grande responsável por tudo que tenha relação a ela. Desde a ideia inicial de construir uma rodovia, até a busca pelos materiais necessários, as placas, a preocupação com os excessos de velocidade, as curvas, tudo mesmo. Até o carro que ele dirige, seria de um modelo completamente diferente de tudo que já vimos por aí.

Você estando atrás deste indivíduo, conseguiria se quer imaginar a hipótese de ultrapassá-lo?

Fielmente acredito que não, nem seria cogitada essa possibilidade.

Antes que o leitor possa confirmar que estou apenas fazendo uma divagação absolutamente inútil, vamos à analogia que tentei propor.

A rodovia está representando nossa vida. Os carros que lá estão, nas mais diversas velocidades, representam todo e qualquer ser humano que por aqui está.

O importante órgão do governo, a polícia e o idealizador da rodovia estão representando pessoas (ou situações) que, de alguma forma, representam importante autoridade/celebridade perante nós.

Pode ser um pastor evangélico, um grande cientista, um eloquente comunicador de mídia, um jogador de futebol.

E o ato de ultrapassá-lo transmite a ideia perfeita de que você não concorda com suas atitudes, e resolve deixá-lo de lado, afastando-se de seu automóvel. Já se você resolver seguir viagem respeitando a velocidade dele, portanto, indo logo atrás, representa que pensa da mesma forma que ele e que, de alguma maneira, sente-se muito bem e seguro viajando desta forma.

Pois bem, volte ao ponto da história em que pedi para que imaginássemos o grande idealizador da rodovia. Repare que de alguma forma, nos é passada uma espécie de segurança saber que estamos seguindo o trajeto de uma forma idealizada/construída por ele.

De uma maneira parecida com isso (nas devidas proporções, evidentemente) as pessoas apresentam a crença em Deus. Essa mesma segurança de sentir que estão no caminho certo por estar seguindo exatamente as suas determinações e vontades.

Imagine que um indivíduo (assim como há muitos no mundo afora), seguiu esse idealizador por toda a vida.

Como pode alguém chegar agora e dizer que esse automóvel nunca existiu, e que sempre fora apenas uma criação de nossas mentes?

É muito difícil se deparar com essa ideia, pois seguir esse poderoso carro sempre foi o ápice da nossa vida, já que foi dali que sempre tiramos a segurança necessária para enfrentar todo e qualquer obstáculo que a vida (representada pela rodovia) nos traz.

Portanto, jamais me sentiria a vontade em tentar tirar essa crença de quem quer que fosse.

O indivíduo pode e deve acreditar naquilo que lhe faz bem.

A única questão que proponho, é que da mesma forma que devemos respeitar e aceitar todas as pessoas que optaram por seguir viagem atrás desse poderoso automóvel, devemos também ter o mesmo comportamento perante aqueles que resolveram simplesmente ultrapassá-lo e seguir viagem sozinho, sem nenhuma proteção poderosa como essa.

Se quisermos ter uma sociedade na qual sejam respeitadas toda e qualquer forma de pensamento, sem preconceito nenhum com negros, orientais, homossexuais etc., devemos ter exatamente o mesmo comportamento com aqueles que professam uma religião diferente da nossa. E ainda mais, com aqueles que optam não professar nenhuma delas.

Até qual ponto as pessoas ao nosso redor podem (e merecem) influenciar diretamente nossas vidas?

Cada um de nós temos que ser sempre o produto final

de nossas próprias escolhas, pois é assim que construímos nossa insubstituível personalidade.

Alguns comentários a mais sobre essa ideia: quando uma pessoa resolve tirar sua própria vida, por exemplo, o que de fato foi o grande catalisador para ela chegar a essa situação tão problemática e, infelizmente, tão comum nos dias de hoje? E se for por influência de alguém? Direta ou indiretamente?

Se pararmos para pensar e refletir o quanto o ser humano é falho em uma série de circunstâncias, fatalmente concluiremos o perigo que corremos ao permitir que alguém influencie em nossa vida.

E quando digo alguém, por favor entenda, refiro-me a toda e qualquer pessoa, seja um colega do trabalho, amigo íntimo, irmão, pai, filho etc.

Fielmente acredito que uma vida bem vivida é aquela que temos um escudo onipresente em todos e quaisquer momentos de nossa vida.

Refletir a tudo aquilo que não nos serve, para não deixar nossa personalidade se influenciar. Ou pelo menos, que ela fique minimamente influenciável por outros.

Claro que pessoas que tem uma certa afeição por nós, poderão nos trazer coisas que influenciarão positivamente. A estas, seria muito interessante que absorvêssemos tudo aquilo de bom que nos está sendo oferecido.

No entanto, por toda a nossa vida, precisamos ficar cada vez mais peritos em fazer a correta distinção entre uma coisa e outra.

Para dar uma margem um pouco mais concreta ao que quero expor, vejamos alguns exemplos:

Você possui um grande amigo de infância. Neste exato momento, ele não passa pela melhor das situações financeiras.

Você, no entanto, conseguiu arrumar bem suas contas e trabalha 50 horas por semana. Como fruto de tamanho esforço consegue comprar por exemplo, um lindo e espaçoso carro.

Não para se exibir, e sim apenas porque gostou do carro e tem totais condições de adquiri-lo sem deixar as demais contas no vermelho.

Chega um certo dia, que você encontra esse amigo para um *happy hour*.

No momento em que se encontram, e ele vê seu carro, o comentário surpresa: - Nossa, que carrão. Precisava ser deste tamanho? Queria ser rico assim...

Que tal, caro leitor? Seriam essas frases de alguém que torce pela gente ou de alguém que, sem conseguir disfarçar praticamente nada, sentiu uma pontada de inveja e não soube como controlá-la?

Poderia este comentário influenciá-lo a ponto de repensar se fez a escolha certa?

Outro exemplo:

Suponha que você tenha comprado uma bela casa, fruto de um esforço sem precedentes, oriundo de uma economia de mais de dez anos.

Ao contar, todo feliz para um outro amigo tamanha proeza e felicidade, ouve:- Você comprou naquela região X? Ouvi dizer que na região Y (vizinha de X) há casas melhores.

Caramba, seria um recalque e tanto, não?

O caro leitor pode estar pensando: essas duas histórias acima, são amostras de sentimentos de inveja, muito comuns em nossa realidade. A questão é, onde entra a influência desses dois amigos em relação a nós?

Simples concluir. Se são duas pessoas ditas amigas, que claramente não se felicitaram pelas suas conquistas, fica a pergunta: quantas e quantas vezes, ao longo dos encontros que tiveram, não houve mesmo que inconscientemente, influências deles em sua maneira de agir?

Por exemplo, quando você foi a uma festa que não queria, mas seguiu para agradá-los; emprestou um dinheiro que estava contado; deixou de se aproximar de alguma pretendente, pois um deles pode ter lhe desencorajado... Tantas e tantas coisas.

E vejam só, nesses exemplos que criei, estaria relacionando influência entre amigos que, de uma forma ou de outra, querem o bem uns dos outros.

Agora imagine as influências oriundas de pessoas totalmente desconhecidas, ou mesmo de patrões, empregados, primos distantes, colegas de trabalho.

São muitas! O tempo todo.

Por isso, um lema que sigo a risca em todos os dias enquanto viver: só eu sei o que é melhor para mim. E me preparo para isso, descobrindo cada vez mais quem de fato sou. Assim, o escudo contra as mais diversas formas de influências, sobretudo as nocivas, estará sempre a postos para evitar desde as menores até as maiores frustrações em minha vida.

Como diria Nietzsche:

"Torna-te quem tu és."

Por favor, caro leitor, tenha a curiosidade de, neste exato momento, refletir como que várias coisas que você fez foi por influência de outros.

Vou contar uma experiência pessoal.

Na época em que estava no cursinho pré-vestibular, não fazia ideia de qual curso queria. Aliás, vejo hoje como isso é extremamente comum.

No entanto, na mesma época que eu prestava vestibulares, um grande amigo de infância entrou na faculdade de biologia.

Nunca fui um fã inveterado deste curso, no entanto, por perceber o imenso prazer que ele sentia por estar ali, achei que sentiria o mesmo.

Perceba, em nenhum momento ele me direcionou ou me aconselhou para que eu fizesse o mesmo curso.

Apenas por observação minha, e por não ter bem formado em minha cabeça qual curso gostaria, resolvi fazer o mesmo que ele.

Final da história: entrei na universidade para fazer o curso de biologia.

E, como era de se esperar, passei a faculdade toda, tendo a plena convicção de que estava fazendo ali algo que já sentia, nunca faria uso em toda a minha vida.

Não deu outra. Formei-me em biologia sem ter se quer uma mínima afinidade pelo curso.

Perguntará o leitor, mas por quê não largou?

Aí cai numa outra história, relacionada às aulas de química que comecei a lecionar num cursinho voluntário quando ainda estava no primeiro ano da faculdade. Por conta destas aulas, e do gosto que estava adquirindo em ser professor, resolvi ir até o fim para que, aí então, pudesse cursar uma faculdade de minha acertada escolha: química.

Contei rapidamente este episódio de minha vida para demonstrar como que realmente somos influenciados o tempo todo, seja consciente ou inconscientemente.

Claro que por vezes serão influências bem-vindas; no entanto, meu questionamento são justamente com aquelas que nos direcionam para caminhos que não trilharíamos caso observássemos com mais cuidado e atenção.

Agora, coloque religião no campo destes possíveis influenciadores.

Vá um pouco mais a fundo, e descubra que, ao menos

uma delas, prega o suicídio criminoso (homens-bomba) como um bem maior para viver num paraíso lotado de virgens...

Não há como negar. A maior influenciadora presente em todos os cantos do planeta, é a religião. Se não soubermos distinguir as influências positivas das ruins, estaremos fadados a termos uma série de problemas ao longo de nossas vidas.

Jeitinho brasileiro

Uma boa maneira de percebermos claramente como que integrantes da espécie humana podem ser extremamente fúteis, ignorantes, e muitas vezes, criminosos, é olhando nossa caixa de e-mail na parte do lixo eletrônico.

É impressionante.

Já reparou?

O tempo todo aparecem e-mails com as mais insidiosas mensagens, dizendo apenas que você deve clicar no link abaixo para ser direcionado.

Desde promoções imperdíveis sobre determinados produtos, passando por contas a serem pagas pois estão próximas do vencimento (inclusive, eles praticamente clonam a empresa de telefonia/internet/etc. para tentar dar veracidade ao fato), mensagem da receita federal dizendo que seu CPF está bloqueado, que seu *facebook* será desativado, e tantas e tantas outras mensagens.

Fico imaginando o tempo que essas pessoas perdem para elaborar determinadas mensagens com o intuito de enganar pessoas desavisadas que clicam no link achando tratar-se de uma mensagem verdadeira.

E não só na caixa de *spams*.

Na vida como um todo, poderíamos passar páginas e páginas citando casos de pessoas que para ter alguma vantagem na vida, fazem o que for, mesmo indo contra uma outra pessoa, e que pode inclusive fazer mal a ela.

Sabe o famoso "jeitinho brasileiro"?

Muitos acham graça, mas na verdade, trata-se de uma vergonha. Ou melhor, uma falta de vergonha.

E não só no Brasil, claro, isso está diluído no mundo como um todo. No entanto, não há como negar, quanto mais instruída é uma civilização, menos problemas de comportamentos inadequados para com os outros observamos.

Já ouviu dizer que no Japão, se alguém esquecer uma maleta no metrô, por exemplo, pode ficar tranquilo que mesmo se for no dia seguinte, ela continuará no mesmo lugar que você deixou, intacta? E isso para eles, é normal. Como de fato tem que ser.

Já no Brasil, repare, quando ocorre de alguém achar algum objeto valioso na rua, e procurar pelo dono, rapidamente é veiculada essa notícia na mídia como se fosse o maior dos acontecimentos.

Tudo é questão de cultura local, civilidade, educação.

Vou citar mais um exemplo, mas agora pessoal. Ocorreu comigo há alguns anos.

Estava num mercado dirigindo-me ao caixa com apenas dois produtos em minhas mãos. Na época, para chegar lá, era necessário atravessar todo um cordão de isolamento, para que pudesse assim ser formada uma fila, antes de chegar aos caixas. Pois bem, no momento em que estava passando por esse cordão de isolamento, uma criança surgiu a minha frente e passou por baixo desse cordão, no claro intuito de chegar primeiro aos caixas.

Como era uma criança, confesso que particularmente não achei muito correto, porém, não me importei, justamente pela idade dele.

No entanto, para um assombro geral, vi que a hora que esse menino passou pelo cordão, e portanto ficou mais próximo do caixa do que eu, e chegaria lá primeiramente, ele começou a rir (aquelas risadas de quem sabe que está fazendo coisa errada) e passou a gritar pelo pai, que vinha mais atrás (mas antes do cordão de isolamento e de mim).

Na hora que ouvi os gritos, lembro-me perfeitamente de ter tido a nítida sensação de que o pai repreenderia o menino, pedindo para que ele voltasse ao seu lugar.

Porém, por alguns segundos acho que tive uma amnésia instantânea, e esqueci que vivemos no Brasil. O famoso país do "jeitinho brasileiro", tão difundido e tão comemorado, espalhado nas mais diversas cidades brasileiras, como um vírus. O vírus do mau-caráter, que acha bonito tirar vantagem, sempre, acima de tudo.

Quando o pai ouviu os gritos do filho, ele cutucou a mãe e disse algo como, olha lá, ele conseguiu. Nesse momento, o casal passou a minha frente, cortando a fila mesmo, com um carrinho transbordando de produtos, e se dirigiram rindo até a criança, com a provável ideia de que tinham sido espertos. E que assim, poupariam dois, talvez três minutos de seus preciosos tempos.

E um detalhe, tudo isso aconteceu por conta de uma fila que só tinha.... uma pessoa... eu.

Todo esse alvoroço causado pela criança e pelos seus pais, foi porque conseguiram passar a frente de uma pessoa que estava com dois produtos em mãos.

Pergunto-lhe, caro leitor.

Essa família, lendo ou não a bíblia, teria agido diferente? Ou o que de fato faria um comportamento distinto, adequado, teria sido uma prévia educação, sobre aquilo que deve e não deve ser feito?

Muito mais importante que qualquer livro religioso, o que tornará uma criança um cidadão de bem, serão as influências que ela receberá ao longo da vida, sobretudo de seus familiares mais próximos.

Este é um caso que, infelizmente, não é isolado.

É quase que uma regra no Brasil (e infelizmente, em uma boa parte do mundo).

Impossível não refletir sobre qual religião professava aquela família. Apenas para comprovar, mais uma vez, que religião, e também sua ausência, não definem caráter e nem nos melhora a moralidade.

Outra coisa, caro leitor, trata-se de um caso absolutamente simples, sem nenhuma grande consequência por tal ato.

No entanto, quantos e quantos casos, muito piores que esse, ocorrem no nosso dia a dia, apenas para que determinados indivíduos sintam-se melhor por estar em vantagem sobre outros?

Estacionar em vaga de deficiente (mesmo que rapidinho!), furar fila de banco, pegar aquilo que não é nosso, *bullying,* e tantas e tantas outras coisas que já se tornaram banais, de tão comuns e corriqueiras na vida de qualquer ser humano.

Para constar mais um exemplo, certa vez ao conversar com um amigo sobre um delicado assunto envolvendo o jeito certo de fazer as coisas, ouvi a célebre frase: - Às vezes prefiro deixar a dignidade de lado para colocar comida sobre a mesa da minha casa.

Confesso que até hoje esta frase reverbera em minha mente. No momento que a ouvi, não consegui disfarçar nada minha profunda consternação. Mas, preferi mudar de assunto rapidamente...

Preconceito aos ateus

Aproveitando o ensejo da discussão anterior, quero deixar registrado aqui uma forma (dentre várias existentes) de provar como realmente existe o preconceito para com aqueles que preferem não crer em nenhuma divindade.

Sempre tive o hábito de guardar montes de revistas em casa, para quando possível, poder lê-las.

Esse hábito originou-se a partir de meu pai, que sempre fora um ávido leitor de livros e revistas que, após lê-los, deixava-os guardados numa das gavetas de seu escritório para me entregar.

Isso durou muito tempo, posso facilmente arriscar uns 20 anos. E só parou por conta de sua morte.

Assim que eu passava em sua casa, ele me levava ao seu escritório para apanhá-los.

Pois bem, um dia desses, peguei esse monte que ainda tenho guardado, e comecei a procurar por manchetes que falavam sobre a relação entre espiritualidade e saúde.

Não foi difícil encontrá-las. Logo de cara, já encontrei duas.

Quis entender, na posição de uma agnóstico, como seria ler artigos que tocassem nessa questão tão delicada.

Confesso que não me surpreendi nem um pouco, ao perceber que, em ambas as revistas, demonstrava-se claramente que a saúde tem relação direta com a espiritualidade.

Diz que há uma série de estudiosos, professores, médicos, cientistas, atestando que de fato a espiritualidade ajuda a prevenir e a curar doenças.

Caro leitor, alguns pontos merecem uma profunda reflexão. Aliás, várias reflexões.

Tanto em uma revista quanto em outra, a maior parte do texto dizia que há estudos que tentam demonstrar tal fato; há médicos que acreditam em tal coisa; cientista que buscam entender a relação, etc.

Ou seja, em nenhum momento houve um dado irrefutável dessa estranhíssima relação que procuraram fazer em acreditar em uma entidade superior com uma cura para algum problema.

E isso incomoda demais!

Sabe por que? Como que ficam as pessoas, que assim como eu não apresentam nenhuma religiosidade? Estaríamos fadados a morrer mais cedo?

Se a resposta for de acordo com os dois textos, tenho a plena convicção que sim!

Nenhum momento, qualquer uma das revistas mostrou qualquer preocupação com aquele que pudesse não ter crença nenhuma.

Isso é muito triste. E mostra, claramente, como realmente o ateísmo/agnosticismo é visto com muito receio (ainda!) no Brasil.

Vou lhe confessar. Sinceramente, a sensação que tive deve ter sido muito parecida com a de um homossexual lendo alguns textos mostrando a felicidade que é ser heterossexual.

Sim, é exatamente isso!

A homossexualidade assim como o ateísmo/agnosticismo, não são questões de escolhas! São orientações! Eu não escolhi não acreditar em Deus. Apenas, não vejo sentido nenhum em ter essa crença, simplesmente por falta de evidências científicas. Assim como os homossexuais não escolheram se relacionar fisicamente com pessoas do mesmo sexo.

Agora voltando às duas revistas, a resposta final que passo, é que realmente vivemos num país discriminador que tenta, de qualquer forma, mostrar que a religião seja algo realmente necessário à sobrevivência.

Já está sendo discutido, diz um dos textos, que as faculdades de saúde/medicina no país, já deveriam colocar mais cursos de relação com espiritualidade, para que os profissionais da saúde saiam "preparados" para ligar a cura com a religiosidade. Diz lá também que vários médicos cardiovasculares, hoje em dia, questionam a espiritualidade de seus pacientes que para que invistam nesse caminho em busca de um auxílio para a cura.

Quer dizer, coitados dos ateus/agnósticos.

Ao se deparar com um médico desses, e dizer que é ateu, por exemplo, o que diria o médico?

Será que ele sentiria pena do paciente? Já emitiria uma atestado de óbito provisório?

Confesso que fiquei bem decepcionado com as duas revistas. Poderiam ter um pouco mais de cuidado com todos os leitores, e não apenas com aqueles que se interessariam pela matéria.

Uma coisa curiosa, inclusive, aconteceu em uma delas. No fim da reportagem, precisamente na última linha, veio a seguinte frase: "a fé não move montanhas, mas pode, sim, tirar doenças do nosso caminho". No entanto, ao virar a página para uma próxima reportagem, totalmente diferente, veio a manchete: "o melhor tempero contra o câncer" (referindo-se ao alho).

Percebeu o paradoxo?

Falar que o alho tem alguma substância que pode ajudar em doenças como o câncer, deve ter sido fundamentado em algum teste, minuciosamente controlado, para confirmar que existe tal relação.

Agora, no tocante a espiritualidade, qual teria sido o teste para quantificar esta relação? Como posso entender a relação espiritual com algo, se nunca houve uma prova se quer (irrefutável) da existência de espíritos?

Qualquer teste que tenha sido feito, em que um dos parâmetros envolve seres sobrenaturais, perde sua validade quando afirmamos que espíritos não existem (pelo menos até hoje).

Outra coisa, se a ideia da melhora dos pacientes for por conta do que acontece dentro das nossas cabeças, não seria uma questão de espiritualidade. E sim, por conta de fenômenos bioquímicos ocorridos em nosso cérebro por acreditarmos em determinado fenômeno.

Como estamos numa era em que os preconceitos estão sendo colocados cada vez mais contra a parede, ou seja, para que cada vez mais uma pessoa possa expressar aquilo que bem entender, gostar de quem achar que tem que gostar, acho que é passada a hora dos ateus e agnósticos "saírem do armário" e serem absolutamente respeitados por todos que o cercam.

Tenha a curiosidade de, na internet, onde os fracos e ignorantes tornam-se sábios e viris, uma vez que se comportam como anônimos, perceber os comentários hostis e infelizes que são proferidos contra os não-religiosos. É impressionante, de verdade.

Ora, quer mais do que aquele caso em que um apresentador do primeiro escalão da TV aberta disse, com todas as letras, que "um sujeito que é ateu não tem limites e é por isso que a gente vê esses crimes aí". Já imaginou?

Até onde vai a ignorância das pessoas.

Abaixo ao preconceito ao ateísmo!

Isso é muito sério.

Um grupo de cinco

Baseado nessas reflexões sobre nossa existência e nossas escolhas, a grande conclusão que fica é que de fato muito do que somos tem a ver com o século (e até a década) que nascemos.

O mundo vai sendo transformado com o passar das eras, e com novas e geniais mentes que surgem para quebrar nossos paradigmas e dar novas formas de pensar e interpretar tudo aquilo que nos rodeia.

Claro que, quanto mais disseminada for determinada ideia, mais ela se torna constante e difícil de ser excluída de nossa realidade. Mas isso não a torna uma verdade absoluta.

Para dar mais ênfase ao questionamento, proponho uma curiosa questão.

Sem contar com familiares e amigos, quem você escolheria para compor um grupo de cinco pessoas, para passar o resto da vida conversando?

Como é apenas uma divagação, podemos colocar alguns limites, e tirar outros.

Por exemplo, nesse grupo haverá apenas conversas/debates/questionamentos. Portanto, nada relacionado a flertes ou relações sexuais. O único prazer virá da conversa, da troca de ideias, do imenso júbilo em ouvir pessoas tão sábias nas mais diferentes áreas.

E outra coisa. Podemos incluir também pessoas que já morreram.

E aí, caro leitor. Contando com você, quais seriam as outras quatro pessoas que você incluiria para formar um quinteto que estaria sempre debatendo ideias, construindo/desconstruindo conceitos, sejam eles quais forem?

Acho uma divagação interessantíssima, e explicarei porque mais adiante.

Já pensou nos nomes? Difícil, não é?

O questionamento que quero propor, é o seguinte: independente das respostas que você venha a oferecer, reflita: por que escolheu esses nomes?

Foi uma pura e deliberada escolha sua, ou foi baseado única e simplesmente em pessoas famosas porque a mídia os fez assim?

Ou seja, qualquer que seja a nossa escolha, será que estaremos escolhendo pelos outros, ou por nós mesmos?

Essa é mais uma prova de como somos extremamente condicionados por tudo aquilo que ouvimos e vemos propagados por outras pessoas.

Por exemplo, o leitor talvez se sinta impelido em escolher Albert Einstein como um dos quatro selecionados. Concordo, plenamente, sobretudo pela magistral mente que ele demonstrou-nos possuir.

Mas a questão é: ele é alemão. No máximo, falará inglês conosco. Ou seja, não será muito fácil entendê-lo. E some a isso ainda, o fato de que muito do que ele entendia, a grande maioria das pessoas não conseguia compreender, simplesmente pela extrema dificuldade em entender conceitos tão aprofundados e baseados muito em abstração.

Outro: Steve Jobs, Bill Gates?

Cairíamos em problemas parecidos.

Então quer dizer que devemos escolher um brasileiro ou, pelo menos, que fale português?

Segundo esse problema que propus, sim, mas seria a melhor solução?

Não necessariamente.

E onde pretendo chegar com tudo isso?

Por muitas vezes, muitas mesmo, quase todas, preferimos seguir um caminho mais fácil a selecionar um mais complicado.

E simplesmente por isso, por ser mais fácil.

Já imaginou? Poder compor um grupo com Einstein, da Vinci, Aristóteles e Kant, por exemplo?

Seria formidável! Mas ao pensarmos na dificuldade em entender suas esplêndidas formas de pensar, associadas ao idioma, fatalmente estaríamos fadados a não absorver nada.

Agora, se ampliarmos nosso campo de conhecimento, nossa gana em crescer e tentar ser sempre alguém melhor, poderíamos pensar em nos matricular em algum curso de línguas para aprender, o mais rápido possível, o idioma desses mestres da humanidade e aprender tudo o que puder com suas valorosas lições.

Porém, você e eu sabemos, esse caminho não será o escolhido pela maioria; esta, preferirá o caminho mais fácil, o caminho do menos trabalhoso.

E assim, mais uma vez critico princípios religiosos. Eles não nos fazem pensar, questionar, refletir. Apenas são respostas prontas.

Outra coisa, será que nessas quatro pessoas que você escolheria, estaria algum religioso famoso? Padre, pastor, palestrante espírita etc.? Acredito que não.

Agora passarei a minha escolha.

Confesso não ter problema nenhum com o idioma falado, ou com nível alcançado com determinado pensamento. E sabe porquê? Por simplesmente ter um magnífico cérebro, assim como todos os seres humanos. Pronto para receber todo e qualquer tipo de informação e saber o que fazer com ela. E se não entender, o que provavelmente aconteceria, sem problemas, debruçaria-me rapidamente sobre o conceito e tentaria, de todas as formas, entendê-lo.

Charles Darwin, Carl Sagan, Friedrich Nietzsche e Bertrand Russell seriam os meus.

Dois dos meus escolhidos foram por quebrar paradigmas absolutamente consolidados na mente da grande maioria das pessoas.

Darwin, pela clareza do evolucionismo;

Nietzsche pela cisão do pensamento filosófico ocidental baseado no cristianismo;

Já Russell, seria minha escolha pela impressionante capacidade de argumentação nas mais diversas áreas. Acredito que tenha sido uma das pessoas mais inteligentes do século XX. Para se ter um ideia, ele foi um brilhante matemático e conseguiu ganhar um Nobel de literatura!

E facilmente incluo Sagan, por ser o maior divulgador científico que conheço. O prazer e a facilidade com que lida com a ciência, e sua divulgação, é no mínimo inspirador. Se a ciência era um obstáculo difícil de ser superado, claramente ele tornou essa tarefa muito mais simples.

Detalhe: se o leitor leu o volume um desta obra, com certeza não estranhou em nada eu ter incluído em minha escolha Sagan, Darwin e Nietzsche.

Confesso que me causa uma estranha sensação, mas no bom sentido, imaginar esse grupo debatendo ideias. E para meu absoluto deleite, seria eu o quinto elemento, em júbilo por participar de magistral encontro.

E sabe o que acho mais interessante, caro leitor? Todos eles são seres humanos. Ou seja, agiram como tal: nasceram, cresceram, reproduziram-se (à exceção de Nietzsche) e morreram.

O que é esperado de todo e qualquer ser vivo!

Mas no caso deles, para absurdo contentamento de toda a humanidade, fizeram muito mais do que isso. Assim como vários outros nomes, deixaram obras grandiosas.

E aí, quais seriam os seus?

Divirta-se com essa reflexão, pois perceberá o quão divertida é, e provavelmente, ficará surpreso com sua própria escolha.

Tenho a plena convicção que muito da nossa personalidade e, sobretudo das influências que possuímos em nossas vidas, serão fatores determinantes para a escolha.

Somente por isso já vale a brincadeira.

E uma curiosidade final: todos os meus escolhidos demonstraram algum questionamento, ao longo de suas vidas, com a crença em Deus.

E garanto não ter sido esse o motivo da minha escolha.

Parte VI.

Reflexões sobre a morte

A morte não é nada para nós, pois, quando existimos, não existe a morte, e quando existe a morte, não existimos mais.

Epicuro

Quando ela aparece

Diariamente, ou quase isso, vem a morte de alguém próximo (ou famosa celebridade) e nos assola.

Dessa vez, vou contar a morte de alguém muito famoso que ocorreu alguns dias atrás.

Imagine, caro leitor, você muito jovem consegue ingressar numa das mais importantes ligas esportivas do mundo, jogando um dos mais disputados esportes, e passa a vida toda quebrando recorde atrás de recorde.

Chega à seleção de seu país, e se consagra ainda mais.

Joga no mesmo time, e também contra, outras tantas lendas do mesmo esporte, e assim, vai se tornando senão o número um, pelo menos entre os cinco maiores de todos os tempos.

Aposenta-se das quadras, para curtir toda a fortuna acumulada e, principalmente, a família.

Com 41 anos, a vida toda pela frente, resolve fazer uma viagem simples, mas de maneira mais rápida, adentrando um poderoso (digo isso, por ser extremamente seguro) helicóptero.

No entanto, a já conhecida e porquê não, temida, aleatoriedade, atua mais uma vez e faz com que essa máquina vá de encontro ao chão explodindo, matando o jogador, uma de suas filhas e mais sete pessoas.

Sim, estou me referindo a lenda do basquete, e também dos esportes, Kobe Bryant.

E o mais impressionante, é que essa mesma história acima poderia ser contada, com algumas diferenças biográficas, claro, para várias outras pessoas, também famosas, sejam dentro do esporte ou não: Fernandão (jogador brasileiro de futebol, consagrado em times como Goiás e Internacional de Porto Alegre), Ricardo Boechat (um dos mais importantes jornalistas brasileiros das últimas décadas), Vichai Srivaddhanaprabha (nome impronunciável de um bilionário tailandês dono do clube de futebol inglês Leicester)...

Impossível não refletir sobre vida e morte ao se deparar com notícias como essas.

Mas voltando ao caso de Kobe, um homem que viveu para ganhar, era obcecado por vencer, com tantos títulos, conhecido no mundo todo, absolutamente milionário, com quatro filhas para criar, e com infinitas possibilidades de usufruir e aproveitar todos esses anos que lhe restavam de vida.

Vai embora. Sem mais nem menos. Junto com uma de suas filhas que, inclusive, já brilhava nas quadras de basquete.

Sem um bilhete final, sem um telefone para parentes

próximos ou esposa.

Simplesmente, foi-se. Voltou a ser o que sempre fora, antes destes 41 anos: pedacinhos desse assombroso e gigantesco Universo.

Agora, imagine que por um motivo ou outro ele tivesse optado em não subir ao helicóptero. Ou então, devido a algum mau tempo próximo, optara por não viajar. Ainda havia a chance dele ter ido de carro, ônibus, moto, ao local de destino.

No entanto, ele subiu ao helicóptero.

E nunca mais ouviremos falar de qualquer atitude que possa ser tomada por Kobe Bryant.

O que resta são seus feitos, sua magia, seu passado.

O homem se foi. A lenda ficou. Eterna.

Mas por favor, caro leitor, professe a religião que for, não acho justo em hipótese alguma adentrar em seus pensamentos que teria sido escolha divina tamanha atrocidade.

Faça uso da religião, se assim quiser, para lhe dar conforto em lidar com situação tão conflituosa.

Porém, imaginar mesmo que por instantes, que Deus teria sido o responsável por tamanha tragédia, seria no mínimo confuso. E também, acredito que em breve aparecerão oportunistas de plantão, que afirmarão categoricamente que já haviam previsto tal fato a partir de suas visões, premonições, mediunidade...

A verdade é que a morte, quando num momento apropriado, acaba sendo uma dádiva, uma forma de aniquilar um sofrimento sem fim. Como por exemplo, num paciente terminal ou mesmo numa pessoa bem idosa que já perdeu uma boa parte de suas capacidades física e/ou cognitiva.

No entanto, sempre que ela aparecer em momentos inoportunos, como tragédias, assassinatos, e afins, ocorrerá uma perturbação para aqueles que ficam.

E não é para menos. Uma vez que ela aparece, não há o que fazer. Infelizmente estamos todos sujeitos às infinitas maneiras de sermos atingidos pelas mais diversas formas de acontecimentos ruins que nos cercam.

E como viver bem em uma situação como essa?

Acredito que a resposta a essa questão seja um dos maiores objetivos de todos os seres humanos. Como lidar bem com a vida sabendo que coisas ruins acontecem, o tempo todo?

Claro que não há resposta padronizada para essa pergunta. Cada um deve respondê-la, ou tentar, de acordo com aquilo que julga ser mais próximo de uma situação que nos faça bem. Que nos dê a segurança e o conforto de lidarmos da melhor forma possível com isso.

No meu caso, faço bastante uso de uma frase bem simples, que conheci ainda na época da adolescência, que resume bem essa inquietação:

"A dor é inevitável, o sofrimento é opcional."

Ou seja, ao longo da vida de qualquer ser humano, sempre haverá momentos ruins que nos estragam o dia, ou pelo menos algum momento dele. Esses dias podem se estender a semanas, meses, anos, uma vida toda.

Já imaginou? Passar a vida toda, ou mesmo anos que seja, perturbado por determinado fato que ocorreu que não dependia de você, ou seja, um fato totalmente fora do nosso controle.

Deixar ele, seja qual for, afetar nossa vida de maneira duradoura seria no mínimo uma injustiça para com nós mesmos.

Claro, pois assim você teria um sofrimento sem fim causado por algo que você simplesmente não controla.

Por isso, a frase citada exprime tão bem uma boa forma

de lidar com as adversidades da vida. Terei dor sim, muitas vezes, mas o sofrimento que destinarei, e que sentirei, por aquilo causado, dependerá principalmente de como interpretarei e sentirei determinado fato.

Logicamente, falar é fácil, difícil é agir na prática pensando nesse fundamento. No entanto, como tudo na vida, dependerá do esforço que necessitaremos para colocar isso em prática.

Da vontade, vem o treino. Do treino, o hábito. Do hábito, o objetivo alcançado.

O caro leitor já perdeu alguém muito próximo? Triste dizer isso, mas é uma das certezas da vida. Todos nós sentiremos, em algum momento (e infelizmente, por mais de um momento), a perda de algum ente querido.

Das pessoas queridas que perdi, sem dúvida alguma, a mais próxima foi meu pai. É difícil mesmo.

Quando ocorre, ficamos sem resposta, sem fôlego, sentindo-nos crianças desamparadas. Aquele último abraço, os beijos, as palavras de carinho, simplesmente se desfazem para sempre no infinito.

E confesso a você, caro leitor, realmente é como se um pedaço de nós fosse embora, para sempre.

Assim como a nossa morte, é inevitável também a estranha sensação que sentiremos ao perder pessoas tão queridas.

E como se preparar para isso? Difícil. Mas há algumas saídas.

Uma delas, é aceitar, desde já, que um dia irá acontecer. Não ficar imaginando que está longe, que demorará, pois pode vir mais rápido do que se quer possamos imaginar.

E não cairei no comentário piegas de dizer que sempre devemos deixar as pessoas como se fosse um último encontro, até porque existe uma grande quantidade de maneiras das pessoas se relacionarem ao longo de uma vida. Podem ser relações amistosas, mas ao mesmo tempo, podem haver também relações prejudiciais que só nos tornam tristes pela convivência frequente.

O que apenas quero destacar nesse rápido comentário, é que o leitor possa desde sempre, ao menos tentar, se preparar para quando o dia chegar. O dia da separação. Para sempre. Afinal de contas, pelo menos para mim, não existe o "lado de lá".

Caso meu pai fosse vivo, o que eu faria?

Iria visitá-lo mais vezes; aliás, muito mais vezes.

Quantas e quantas situações eu estava na minha casa, e ele na dele, e era só ligar e dizer: - Pai, estou indo aí.

Tenho certeza, seria muito bem recebido, para um gostoso bate-papo. Um café, que ele adorava fazer após os almoços de domingo.

Mas não, deixei de fazer isso. E confesso, tive muitas chances.

Agora acabou. Tornou-se impossível. Meu suposto "livre-arbítrio" não permite que eu reencontre meu pai.

Ficaram as lembranças. Os gostosos momentos.

A segurança que sentia quando estava próximo a ele é indescritível. Será que é assim mesmo que os filhos se sentem em relação a seus pais? Posso afirmar tranquilamente que senti fortemente essa sensação, por toda a minha vida: a segurança que ele me passava enquanto eu estava próximo a ele. E isso, não me esquecerei jamais. Feliz serei se meus filhos puderem ter em mim a mesma sensação.

Mas, a vida continua.

Não posso fazer dela uma tristeza sem fim por algo que não tive a chance de escolher.

Que horas eram?

E se o grande segredo da vida estivesse justamente no fim dela, ou seja, na morte?

Baseado na premissa de que realmente não há dados irrefutáveis que atestem que a vida continua depois da morte, podemos nesse momento sedimentar a ideia de que de fato, vida é tudo aquilo que vai da concepção do óvulo pelo espermatozoide até nosso último suspiro.

Ou ainda, podemos conceituar o início da vida a partir do instante que o feto apresenta os primeiros batimentos cardíacos.

Na verdade, nesse momento pouco importa onde de fato se dá o começo. E sim, quero atentar a outra parte. O final dela. A morte.

Então imagine que um organismo como o ser humano passará aproximadamente 75, 80 anos sobre a superfície da Terra.

Isso dá por volta de 28000 dias. Já parou para pensar nisso, caro leitor? Cravando como primeiro dia, aquele que de fato conhecemos a luz do sol, até o nosso último suspiro, terão passado, em média, 28000 dias.

Portanto, podemos interpretar esse dado como se fosse um contrato que o Universo fez conosco. Temos 28000 dias para conhecer tudo aquilo que quisermos (e pudermos) nesse maravilhoso e assombroso infinito de possibilidades que se apresenta a nós.

Após isso, voltaremos a ser parte do mesmo todo que fazíamos antes. Porém, sem consciência de nossa existência.

E o que acho profundamente enriquecedor, e até de forma poética, é imaginar que a cada dia desses, em cada uma das 24 horas que os completam, sempre existiram (e existirão)

134

situações demarcadas minuciosamente pelos ponteiros dos relógios, que passaram a ser os grandes e magistrais momentos de nossa vida.

Que horas eram, exatamente, no momento em que:

- recebemos o primeiro abraço de nossa mãe;
- o primeiro beijo de nosso pai;
- o carinhoso (e provavelmente ciumento) primeiro contato com nosso(a) irmão(ã);
- a primeira vez que entramos dentro de uma escola;
- a última vez;
- entramos e saímos da faculdade;
- recebemos o diploma do ensino superior;
- conseguimos 1º emprego;
- chegou o dia do casamento;
- o nascimento do primeiro filho;
- e tantas outras coisas...

Que tal um pouco de nostalgia? Mas uma nostalgia boa, saudável, que nos faz bem e nos dá a plena convicção de estarmos vivos!

Volte às situações acima. Tente visualizar sendo você o personagem principal...

Que horas eram? Como era o mundo naquele momento?

Exatamente 8:59 h de uma segunda-feira eu fui apresentado ao mundo.

Cada momento vivido, cada instante, cada tique-taque, pode nos aguardar um grande momento, o qual recordaremos por toda a nossa vida.

E isso é muito bonito, belo, sublime. E justamente por serem momentos exclusivos de cada um de nós, torna nossa vida tão especial e tão única.

Nunca haverá duas iguais.

Ou seja, qualquer um de nós passaremos a vida toda preenchendo os mais diversos momentos, das mais diversas formas; no entanto, desde sempre, convivendo com início e fim para tudo.

O dia começa e termina. Assim como a noite. Já sabemos que ambos tem hora para começar e também para acabar.

Num jogo esportivo, seja qual for, sabemos, ele irá terminar.

Uma deliciosa festa, um baile de formatura que tanto ansiamos que chegasse logo, sabemos, também irá acabar.

Aquele filme, a nossa música preferida. E também aquela viagem. Irão acabar.

Num Universo em constante transformação e expansão, estranho seria se alguma coisa ficasse estática.

E não, não é mesmo permitido. Tudo em movimento. Tudo tem um fim e um começo.

Claro que com a vida não poderia ser diferente.

Ela teve um início, rodeado de sorrisos e choros de emoção quando fomos tirados do útero de nossa mãe. Lindo momento.

Mas, seja quem for, já sabemos que um dia não seremos mais.

Também teremos um fim.

A morte sempre está por aí. Esperando a hora certa de agir, mesmo que de fato não seja o momento ideal que queríamos, ela chegará. E colocará fim em tudo aquilo que um dia fomos; os sonhos que tivemos, os desejos, os amigos, a família, os amores.

De repente, tudo se vai.

E claro, ficará uma tristeza inconsolável.

Mas o que se pode fazer?

Assim como aquele campeonato de futebol tem que acabar, e vida também.

E que pena.

Essa é a maior sensação que tenho quando penso na morte.

Pena.

Repare, passamos a vida toda, ou pelo menos boa parte dela, apreciando obras deixadas por pessoas que já morreram.

E nessas obras, podemos incluir nós mesmos. Quantos ancestrais foram necessários para que estejamos aqui? Quantos deles já morreram?

Mas não só isso, na música, nos filmes, nas ciências...

Quantas e quantas pessoas já morreram.

Quanto do que temos contato durante toda a nossa vida se baseia no legado de alguém que já se foi.

Não há como negar. A vida realmente é uma faísca. Olhando para a foto ou mesmo lendo uma rápida biografia de qualquer uma dessas pessoas que já tenha morrido, seja famosa ou não, inevitavelmente me pergunto: como era a vida dela?

O que ela fez que a tornou feliz? Como foram seus momentos de tristeza; por onde esteve, que lugares conheceu... Quem foram seus amigos, amores, rivais...

Qual o maior acontecimento de sua vida? Responsável pela maior felicidade enquanto esteve vivo! Enquanto respirava o mesmo gás oxigênio que também respiro agora. Quem sabe, até as moléculas sejam exatamente as mesmas, já que elas são constantemente recicladas pelos processos fotossintéticos e respiratórios...

Portanto, estar preparado, é apenas saber que um dia, não mais seremos quem somos. E tudo bem. Já aconteceu com tantas pessoas, e acontecerá, sempre. Onde houver vida biológica haverá morte biológica.

Lembro-me de Albert Einstein, quando acamado por uma debilidade no fim de sua vida, ouviu de alguns médicos que poderiam tentar um último recurso para prolongá-la um pouco mais. A resposta dele, mais uma vez, foi sensacional:

"É de mau gosto prolongar a vida artificialmente. Já fiz minha parte, é hora de ir embora. E eu irei com elegância."

Por isso acredito, enquanto vivo, devemos refletir muito e tentar entender com muito mais plenitude o que de fato a morte representa para que, quando surgir, estejamos muito mais preparados para lidar com a dor da perda, se for de alguém próximo a nós, ou então, aceitarmos com muito mais tranquilidade se for de nós que ela se aproxima.

Não sei se fui claro, caro leitor, mas para mim essa é a grande graça da vida e também, o que me faz ter a certeza que temos em mãos, cada um de nós, algo extremamente precioso. Por isso, na morte, quando essa oportunidade única que se formou se aproxima do fim, entristece-me. Já que dessa forma, teremos tido a nossa chance, e isso não mais se repetirá. Nunca mais haverá um Albert Einstein, um Leonardo da Vinci, eu, você, nossos pais...

Somos todos privilegiados, por termos tido a sorte, acaso, ou como quiser chamar, de existir num Universo onde as possibilidades são ínfimas.

É claro que se formos levar em consideração a quantidade de espermatozoides que são ejetados numa única ejaculação e que, toda mulher libera um óvulo por mês (normalmente) ao longo de algumas décadas, cairemos na certeza de que é muito fácil originar um ser humano, e isso entraria em contradição com o descrito anteriormente. No entanto, refuto desde já: das milhões de possibilidades de uma única ejaculação, quantas delas teria chance de formar alguém como cada um de nós?

Por isso somos um grande feito. Um assombroso acaso transformado num aglomerado de células em pleno funcionamento que, nos dará a magistral oportunidade de vislumbrarmos, mesmo que por pouco tempo, o que é a vida.

Afinal de contas, quem nunca se perguntou o que é vida, não é?

Gonzaguinha deu a sua resposta, na saudosa música *O que é o que é*. Segue um trecho:

> *E a vida*
> *E a vida o que é?*
> *Diga lá, meu irmão*
> *Ela é a batida de um coração*
> *Ela é uma doce ilusão (...)*
> *E a vida*
> *Ela é maravilha ou é sofrimento?*
> *Ela é alegria ou lamento?*
> *O que é? O que é?(....)*

Se valer a dica, o cantor Zé Ramalho gravou a sua versão e conseguiu magistralmente dar um tom bastante reflexivo conforme a letra vai sendo cantada. Linda e tocante versão.

O fim e o reinício

Aproveitando esse triste momento que a humanidade está vivendo, referente a pandemia do novo coronavírus, tive um *insight*.

Vamos imaginar que um vírus absolutamente muito

mais letal, e com uma transmissibilidade nunca vista antes, apareceu para a humanidade. Muito pior que qualquer um que já tenha existido.

Os órgãos de saúde, países, comunidades, ninguém teve se quer um minúsculo tempo para se preparar. E o improvável acontece. A humanidade é dizimada.

Dos quase 8 bilhões de seres humanos que temos na Terra, sobram apenas alguns milhares. Espalhados pelo mundo afora.

No entanto, para grande assombro, praticamente todos os remanescentes desta tragédia sem precedentes na história humana são... bebês. Sim, bebês, muitos deles sem ainda saberem andar.

Para sorte deles, um ou outro irmão mais velho, com no máximo 6 anos, também sobrevivera.

Pois bem, todas estas crianças são o que restaram da espécie chamada *Homo sapiens*.

Porém, como a vida pulsa fortemente em seus pequenos corpos, de uma forma ou de outra, eles sobrevivem. Não todos, claro. Mas algumas centenas conseguiram o improvável.

E assim, a espécie humana consegue escrever mais um capítulo de sua história. E neste caso em particular, talvez o mais importante de todos. Uma vez que uma nova era recomeça, com valores, tradições, culturas, demasiadamente diferentes de tudo que existira até então.

Então, suponha agora que esses indivíduos um pouco mais crescidos, tenham a necessária ideia de buscar nos registros históricos dos antepassados, alguma obra que pudesse dar um norte orientador de como deve ser a principal maneira de aceitar a vida como ela é. Ou então, como era a vida antes da tragédia. Queriam alguma coisa para ter como base.

140

Como pouquíssimos indivíduos sabiam ler, uma vez que menos de 1% dos sobreviventes tinham idade suficiente para terem sido alfabetizados, viria deles todos os ensinamentos para aqueles menores, e para supostos novos bebês que fossem surgindo conforme as décadas se passassem.

Ocorre, caro leitor, que desses indivíduos que já foram alfabetizados, três deles eram gêmeos, todos na casa dos seis anos, e se lembravam com muito carinho das histórias que o pai deles lia, todas as noites, antes de dormirem.

E por serem histórias tão fascinantes, eles mal tiveram tempo de confirmar que se tratavam apenas de ficções. O pai, muito carinhoso, sempre lera as histórias com muita eloquência, detalhando cada passagem, para que os trigêmeos pudessem ter a nítida impressão de serem seres absolutamente verdadeiros.

A obra citada chama-se *Senhor dos Anéis* (três livros escritos por J.R.R. Tolkien). Caso o leitor não se lembre (o que é improvável, acredito), foi esta obra que o diretor Peter Jackson transformou em uma esplêndida trilogia para o cinema, sendo detentora de uma série de prêmios e recordes, nos primeiros anos do século XXI.

Mas voltando a nossa história.

Os trigêmeos, por se lembrarem com absurdo apreço e carinho pelos livros, poderiam ter a interessante ideia de usá-lo como obra principal para o recomeço da civilização.

Veja só, como eles eram muito pequenos quando ouviam as palavras de seu pai, nunca tiveram a chance de se quer imaginar que tratava-se de uma obra de ficção.

Acontece que, se nem eles supunham tal situação, o que dizer daqueles que ouviriam as histórias do livro agora contadas pelos trigêmeos?

Quem iria refutar tais fatos, se estavam perfeitamente

descritos no livro, e em detalhes? E mais do que isso, os irmãos tiveram contato com aquele que contou em detalhes a história, como se tivesse tido contato diretamente com o autor do livro, seu pai.

Então uma nova era da civilização se iniciaria com todos os seus habitantes tendo a plena convicção de que tudo que estava no livro, eram verdades absolutas.

Tinha como provar a maioria das coisas que lá estavam escritas? Não. Mas e como refutar? Tampouco.

Logo, toda uma civilização seria formada com as ideias, tradições, culturas e valores tirados de um livro, que num passado remoto, havia sido criado apenas por diversão, totalmente baseado em ficção.

Pergunto-lhe, caro leitor, quem conseguiria tirar da cabeça desses habitantes que o livro não continha verdades absolutas?

Então de fato, sempre haverá perdas na morte. E aos que ficam, poderá ser necessária a criação de novas maneiras de ver e interpretar a vida.

E estas, nem sempre serão baseadas em fatos.

Imortalidade biológica

Baseado nos tópicos acima, e mesmo no senso comum, além é claro, do bom senso, todos temos consolidada a ideia de que a morte é a única certeza da vida.

No entanto, há alguns meses, tive uma reflexão mais aprofundada sobre o tema: como é para o ser humano viver sabendo que irá morrer?

Deveria ser apavorante, afinal de contas, a cada um único dia que passa, mais próximo vai ficando a fatídica data.

No entanto, acredito fielmente que não seja assim tão desesperador para a maioria das pessoas, justamente por haver consolidada a suposta ideia de que a vida continua após a morte.

Pare e pense: se a vida tem uma continuidade após o último suspiro, por que deveria me desesperar com um fim, se na verdade, não há como ter fim neste eterno ciclo que os seres vivos passam?

Pois bem, mas a grande questão é: e para mim, Alexandre, que acredito indubitavelmente que não há o outro lado?

Perceba o que quero transmitir. Para os ateus e agnósticos em geral, a vida realmente é uma só. Portanto, a cada suspiro em um novo dia nascendo, é na verdade um dia a menos nessa inevitável contagem regressiva que nos levará a voltarmos a ser o que de fato sempre fomos: partes do Universo.

E confesso que, após refletir bastante sobre o tema, peguei-me pensando se de fato temos que morrer.

Por que teríamos?

E se os seres humanos conseguissem prolongar sua vida, de forma que conseguíssemos atingir mais décadas e décadas por aqui na Terra? Quem sabe, centenas de anos a mais.

E por que não, tornarmo-nos imortais?

Para minha grande surpresa, e um certo júbilo, já há uma série de pesquisadores/cientistas que se preocupam com esta importante inovação para a espécie humana. Logo, passei a me debruçar sobre uma série de artigos/opiniões/pesquisas sobre o assunto, e realmente a me interessar em demasia por tudo que a ele estiver relacionado.

E confesso que, consegui aquela prazerosa sensação de adrenalina, que ocorre quando estamos fazendo algo que nos dê um grande prazer.

Vislumbro viver muito tempo, para aproveitar essa única chance que tenho e, tornar minha existência no planeta Terra algo que realmente valeu a pena.

Pensando na possibilidade da minha existência, dentre tantas outras milhares possíveis, quando o espermatozoide de meu pai encontrou o óvulo de minha mãe, já me dá a plena convicção de que realmente somos todos um absoluto e exclusivo ser humano que teve a felicidade de ter nascido.

Assim sendo, já que fui eu um dos sorteados, farei de tudo para prolongar minha existência e me deleitar com as maravilhas deste Universo absolutamente misterioso, e satisfazer-me com as conquistas cada vez mais frequentes que as ciências nos proporciona.

Inclusive, graças a elas poderemos ganhar anos e anos de sobrevida.

Uma curiosidade: por incrível que pareça, bem antes de começar a me debruçar sobre esses estudos de mortalidade, lembro claramente de ter questionado meu pai (palestrante espírita) sobre a possibilidade do ser humano existir indefinidamente, ou seja, tornar-se imortal.

A resposta que ele me deu foi emblemática:

- Não pode! Pois assim interferiria negativamente no ciclo da vida! Precisamos regressar para o plano espiritual, e reencarnar, sucessivamente. Com a vida eterna, cessaria este ciclo e não seria nada bom.

Como descrevi em outros momentos, e faço questão de enfatizar, sempre respeitarei meu pai por tudo aquilo que ele representou enquanto esteve vivo. O fato de eu discordar daquilo que ele disse, em nada afeta o respeito e o carinho que tenho por ele.

No entanto, é impossível não notar como que a religião acaba afetando negativamente nossa visão de mundo.

144

Leia novamente a resposta que ele deu, absolutamente consolidada dentro de dogmas religiosos.

Agora, tire da resposta a existência de espíritos. Afinal, nunca foi provada.

O que sobraria?

Nada!

Hoje vejo-me refletindo: quanto de progresso científico pode ter se evaporado ao longo dos séculos, justamente por questões religiosas que se mostravam totalmente contrárias.

O conhecimento científico sempre nos deu respostas aos mais diversos questionamentos, mesmo aqueles que surgiram há milhares de anos, nos primórdios da evolução dos *Homo sapiens*.

E dele virá, com certeza, razões cientificamente comprovadas de que é possível viver mais e melhor. E quem sabe, isso já não seja alcançado nas próximas décadas?

Vamos agora imaginar uma hipotética situação. Gostaria muito de dizer "provável situação". No entanto, minha educação científica me diz que o termo provável tornaria esse acontecimento algo prestes a acontecer. E com certeza, não é essa a ideia. Acredito que até deverá ocorrer, no entanto, possivelmente serão necessários ainda algumas centenas (milhares ou milhões) de anos.

Refiro-me ao encontro de um ser humano com inteligências extraterrestres.

Imagine um alienígena pousando agora no seu quintal.

Sem susto nenhum, como se tivesse a receber um vizinho, você o convidaria para se sentar em seu sofá.

Oferecia um copo de água, ou quem sabe, uma taça de vinho, e logo começariam a conversar.

Caro leitor, sério, tente visualizar em detalhes essa cena.

Para o formato do *alien*, pode escolher, isso não interferirá na nossa história. Inclusive, pode ser aquele debatido mais acima que teve a impressão de que os automóveis eram a espécie de ser vivo predominante em nosso planeta.

O que perguntaria a ele?

De onde vem, o que quer, vem em paz?

Sem dúvida, são questões absolutamente pertinentes. Mas quero mais detalhes. O que de fato nos intrigaria ao receber uma visita como essa?

Será que viria em nossa mente a ideia de perguntar se há um ser criador de tudo e de todos?

Ou seria mais uma prova de que realmente todos nós, incluindo os *aliens*, somo frutos de acidentes biológicos ocorridos há tanto tempo nos mais diversos pontos do Universo?

Vamos imaginar agora que o *alien* tem o formato daquele exibido na franquia *O Predador*. Porém, por motivos óbvios, precisamos supor que ele não quer brincar de caça e caçador conosco. Seria apenas uma figura pacata, com uma aparência amedrontadora.

Ele sentado no sofá, você numa poltrona logo a sua frente. Ambos com copos de vinho em mãos, deliciando-se com seu prazeroso sabor.

Vamos chamá-lo de Arnold.

Diga-me, Arnold, o que faz no planeta Terra?

Já imaginou, como seria essa curiosa situação?

Mas deixemos de lado qualquer comportamento hostil que possa vir a ocorrer neste encontro, e atenhamo-nos apenas em um determinado debate científico-filosófico que pudesse ocorrer.

Como trata-se apenas de uma imaginação, não há limites para supormos aquilo que bem entendermos, no entanto, para não fugir de uma possível veracidade, procurarei não exagerar nas divagações.

Para o tal encontro, suporemos então quatro seres, sendo apenas um terráqueo, um deles o Arnold e mais dois, de outros planetas presentes em outras galáxias.

A pauta principal a qual quero questionar, é a seguinte:

Será que esses seres, mais evoluídos que nós, terão já descoberto o segredo da imortalidade?

Imagine, ao falar a idade de cada um dos quatro indivíduos, surgem os seguintes números (idade em anos terrestres):

Arnold diz: - Eu tenho 7.290 anos.

Outro tem 87.200. Já o terceiro, ainda bem jovem, tem 645 anos.

A hora que chegar a vez do ser humano, timidamente, responde, tenho 50.

A questão é:

Conseguirá o ser humano se tornar imortal?

Em um outro momento, discorri enfaticamente que a morte é o melhor que pode ocorrer com um ser vivo (numa hora apropriada, claro).

No entanto, refletindo bastante sobre o termo, comecei realmente a namorar a possibilidade do ser humano se tornar imortal.

E confesso que ao contrário do que imaginava, não achei a ideia ruim. Pelo contrário, reagi com uma certa alegria a esta distante possibilidade.

Por favor, para que não haja falsas interpretações, não me refiro, em hipótese alguma, a imortalidade da alma, divulgada pelas supostas reencarnações espirituais. De forma alguma. Até porquê, conforme já discorrido inúmeras vezes, continuo com a plena convicção de que somos seres biológicos, nada mais do que isso.

Portanto, quando me refiro a imortalidade seria pensando unicamente no corpo material.

Poderá questionar o caro leitor: - Mas você gostaria de viver eternamente, mesmo sabendo que após os 80, 90 anos, nossas capacidades físicas, cognitivas e mentais reduzem-se drasticamente?

Aí que está o grande X da questão.

Jamais iria querer sobreviver com debilidades tão acentuadas.

O que proponho, apenas como possibilidade filosófica, é que o ser humano atinja um certo grau de aprendizagem científica, tão sublime, que consiga reverter o, até então, inevitável envelhecimento.

Já imaginou?

Quando chegar aos 80 anos, poder entrar em uma sala hospitalar, e assim como em uma doação sanguínea, ter nossas células envelhecidas substituídas por células novas?

Ou seja, o ser humano atingiria a imortalidade.

Agora, o que isso tem a ver com o encontro alienígena do começo desse texto?

Apenas uma reflexão sobre o encontro com alguém que já tenha evoluído a ponto de se tornar imortal.

Como é mais comum imaginar que os *aliens* sejam mais evoluídos que nós, acredito que eles terão conseguido primeiramente esta situação.

Imagine se essa situação da imortalidade no planeta Terra já fosse conhecida há mil anos, por exemplo?

Quantos e quantos gênios da humanidade estariam por aí, ao nosso dispor, para continuar com suas invenções, seus estudos, suas reflexões, tudo de bom para que possamos evoluir exponencialmente.

Confesso que realmente tenho perdido algumas noites de sono imaginando como seria a vida sabendo que somos imortais.

Só para também evitar caminhos reflexivos diferentes daquele que proponho neste momento, quando digo imortal, seria apenas reverter o envelhecimento. Um imortal, no sentido que proponho, poderia ser atropelado e morrer, por exemplo.

A imortalidade, no sentido desta pequena reflexão, seria termos condições de nos tornarmos eternos, biologicamente falando. No entanto, jamais seremos imunes aos acontecimentos fortuitos que a aleatoriedade nos traz.

E por que acho que a imortalidade seria prazerosa?

Vamos lá:

Já discorri sobre a idade estimada do Universo: 14 bilhões de anos, aproximadamente. Nosso planeta, tem seus 4,5 bilhões.

A espécie *Homo sapiens* a qual pertencemos, também já discorrida alguns tópicos acima, surgiu na Terra por volta de 100 mil anos atrás.

Muito bem. Um integrante desta espécie, como eu e você, vive em média 75, 80 anos.

Portanto, o Universo é magistralmente antigo, com tantos e tantos mistérios, tão gigantesco, com tanta coisa para descobrir, entender, solucionar, que tenho hoje a plena convicção que seria um tremendo desperdício viver apenas 70 e poucos anos e deixar de conhecer tanta coisa.

Sendo imortal, e claro, biologicamente ativo e capaz, seja a idade que for, teríamos muito tempo para se deliciar com todas as maravilhas que existem por esse Universo afora.

Viagens no tempo, teletransporte, viajar na velocidade da luz, habitar novos planetas... Todas essas situações, acredito que um dia serão possíveis. Mas como nosso tempo de vida é muito curto, provavelmente não estaremos vivos quanto essas grandes realizações forem possíveis. E confesso que isso me entristece.

Por isso, a imortalidade deve ser o maior objetivo que o ser humano deve ter desde já. E quem sabe, ele possa ser atingido ainda em nossa geração?

Projetos não faltam!

Um deles, é a companha Calico (criada pelo Google), cujo objetivo majoritário é justamente a busca por maneiras de evitar as doenças associadas ao envelhecimento do corpo humano e, consequentemente, a morte.

Ou seja, já existem pessoas preocupadas em não perder essa magistral oportunidade de existir num Universo tão maravilhoso.

E claro, talvez não atinjamos esse objetivo máximo. No entanto, tenho a plena convicção que aprofundando estudos nesse sentido surgirão várias ferramentas para tornar nossa vida muito mais saudável. Quem sabe, um envelhecimento muito mais tranquilo, sem dores, e muito mais prolongado.

Já cantava Freddie Mercury: *Who wants to live forever?* (Quem quer viver para sempre?).

Eu quero!

Telômeros/telomerase e o envelhecimento

Quero enfatizar nesse momento, encerrando com "chave de ouro" o livro, um estudo científico que foi feito (e que ainda está em percurso) sobre uma maneira de tentar prolongar a vida. Ou então, retardar o processo de envelhecimento.

Logo após sua descoberta, em 1985, a enzima telomerase recebeu a fama de ser uma espécie de "fonte da juventude". Os cromossomos, que carregam todo nosso material genético, apresentam em suas extremidades cápsulas de DNA repetitivo, chamadas telômeros. Para dar uma margem mais concreta, imagine agora um par de cadarços: eles seriam dois cromossomos e, as pontinhas plásticas que ficam em suas extremidades, seriam os telômeros.

Ocorre que, toda vez que as células se dividem, seus telômeros diminuem de tamanho, o que eventualmente as levam a parar de se dividir e morrer. Ou seja, chega um momento, que após tantas e tantas divisões celulares (ao longo da vida), os telômeros já se encurtaram o suficiente para que as células entrem num estado de senescência que, consequentemente, impedirá (ou pelo menos retardará) a possibilidade de novas divisões. Consequência: envelhecimento.

No entanto, a enzima telomerase impede esse fim em alguns tipos de células, incluindo células-tronco, aumentando o tamanho dos telômeros e, consequentemente, surge a esperança de que a ativação da enzima pudesse retardar o envelhecimento. Logo, essa relação entre telômeros e a telomerase, acaba sendo um caminho importante para compreender o envelhecimento. Ou pelo menos, uma das vias para ele.

Há alguns anos, Ronald DePinho, geneticista de câncer do Instituto de Câncer Dana-Farber e da Harvard Medical School em Boston, Massachusetts, liderou uma pesquisa que permitiu o estudo da relação da telomerase com o envelhecimento. Nesse estudo, concluiu-se que o envelhecimento prematuro podia ser revertido quando a enzima telomerase fosse reativada.

Primeiramente, usaram ratos geneticamente projetados

para não ter a enzima. Como ela não estava presente, os animais tornaram-se rapidamente decrépitos. No entanto, esses mesmos ratos voltaram à saúde quando a enzima foi reativada. Essa descoberta, sugere que alguns distúrbios caracterizados pelo envelhecimento precoce podem ser tratados aumentando a atividade da telomerase. Ou seja, proteger as pontas dos cromossomos não apenas impede o envelhecimento celular como pode, inclusive, reverter o processo que já se iniciara.

Aos ratos que foram projetados para não terem telomerase, seus telômeros diminuíram progressivamente, em um tempo muito menor que normalmente aconteceria. Notou-se por consequência que eles envelheceram muito mais rápido que os ratos normais, além de apresentarem problemas com fertilidade e saúde em geral - além de morrerem jovens.

É claro que mesmo entre os cientistas, já há um consen--so que o envelhecimento não apresenta uma única causa. No entanto, como provado, de fato essa relação entre a enzima telomerase e o comprimento dos telômeros forneceu algumas importantes pistas para começar a entender o fenômeno como um todo.

Na minha opinião, o mais impressionante não foi o retardo do envelhecimento. Mas sim, ter revertido processos que já tinham se iniciado. Seria como você entrar num mágico portal e, ao sair, estar mais jovem! Porque, segundo esses estudos (retirados da revista *Nature*, de 2010), foi confirmado que, nos ratos machos testados, os testículos murchos voltaram ao normal e os animais recuperaram sua fertilidade. Outros órgãos, como o baço, o fígado e os intestinos, se recuperaram de seu estado degenerado.

É claro que esse tipo de estudo requer muito cuidado; até porque, estamos falando de ratos, e não de seres humanos.

Outra coisa a ser levada em consideração, e que seria um "lado B" dessa conversa, é que já existe uma relação conhecida entre células tumorais e a enzima telomerase. Então, seria um outro obstáculo a ser superado, entender claramente essa relação para não superarmos o problema do envelhecimento celular mas, como efeito colateral, ir de encontro com possibilidades maiores de início de tumores.

Por fim, fiz questão de apresentar uma incipiente ideia deste estudo, caro leitor, para mais uma vez demonstrar como que as ferramentas científicas estarão sempre ao nosso dispor para tornar muito melhores nossas vidas e, quem sabe, permitir inclusive que vivamos muito mais, e com qualidade!

Viva a ciência!

"Não explicar a ciência me parece perverso. Quando você está apaixonado, você quer contar isso para o mundo.''

Carl Sagan

Sobre o autor

Alexandre L. Simonetti é natural de Bauru, estado de São Paulo.

Nascido em 1981, é formado em duas faculdades de ciências naturais: química e ciências biológicas. Além disso, possui pós-graduação em metodologia do ensino de química.

Professor desde 2001, Alexandre sempre foi um questionador, fazendo do conhecimento científico sua principal ferramenta para não aceitar que "fábulas reconfortadoras" guiem sua vida.

Pelo seu constante questionamento, deixou a doutrina espírita e se tornou agnóstico ateísta. É um grande incentivador para que as pessoas respeitem os ateus e os agnósticos, da mesma forma que respeitam os membros de suas próprias religiões.

Fã inveterado de leitura, tem a sedimentada ideia de que somente o conhecimento tira do homem o risco de viver uma vida sem sentido.

"O questionamento é uma virtude. O conhecimento, um libertador."

E-mail para contato: alsimonetti@hotmail.com